RUSSISCHE JETLINER

Charles Kennedy

Motorbuch Verlag

Einbandgestaltung: Joachim Schreiber

Bildnachweis: Soweit nicht anders vermerkt, stammen die Bilder vom Autor bzw. aus dessen Archiv.
Ins Deutsche übertragen und bearbeitet von Sebastian Schmitz.

Die englische Originalausgabe erschien 2020 bei Astral Horizon Press unter dem Titel „Jetliners of the Red Star".

ISBN: 978-3-613-04457-9

Postfach 103743, 70032 Stuttgart.
Ein Unternehmen der Paul Pietsch Verlage GmbH & Co. KG

Sie finden uns im Internet unter:
www.motorbuch-verlag.de

1. Auflage 2022

Innengestaltung: Simon De Rudder
Druck und Bindung: Conzella, 85609 Aschheim-Dornach
Printed in Germany

Valentin Grebnew Transport-Photo Images

Jets unter dem Roten Stern

Die Union der Sozialistischen Sowjetrepubliken, besser bekannt als Sowjetunion, war (solange sie existierte) das größte Land der Welt. Sie bedeckte ein Sechstel der Erdoberfläche und erstreckte sich über unglaubliche elf Zeitzonen. Von Ost nach West erstreckte sie sich über 10.000 Kilometer, von Norden nach Süden rund 7.200 Kilometer. Wollte man die Sowjetunion einmal umrunden, betrug die Strecke entlang der Außengrenze mehr als 60.000 Kilometer, rund zwei Drittel davon Küstenlinie. Landgrenzen teilte sie mit Afghanistan, China, Finnland, Iran, der Mongolei, Nordkorea, Norwegen, Polen, Rumänien, Ungarn, der Tschechoslowakei und der Türkei.

Entstanden nach zwei sozialistischen Revolutionen im Februar und Oktober 1917, die zur Abschaffung der Romanow-Monarchie in Russland führten, wurde die Sowjetunion als Zusammenschluss der russischen, ukrainischen, weißrussischen und transkaukasischen Sowjetrepubliken im Dezember 1922 formell gegründet. Ideologie war lange Zeit der Kitt, der dieses Land zusammenhielt.... und bald schon das Flugzeug!

Am 17. Januar 1921 veröffentlichte der Rat der Volkskommissare, bekannt als Sownarkom, die höchste Instanz in den Gründungsjahren der Sowjetunion, ein wichtiges Dokument über den Luftverkehr, unterzeichnet von Lenin höchstpersönlich. Darin wurde die Souveränität über den sowjetischen Luftraum erklärt und Regeln für den Betrieb ausländischer Flugzeuge innerhalb der sowjetischen Grenzen festgelegt. Kurz später begannen die ersten kommerziellen Flüge in der Sowjetunion: am 1. Mai wurde die Verbindung von Moskau nach Charkow (heute eine der größten Städte der Ukraine) aufgenommen. Zum Einsatz kamen Ilja Muromez Bomber des Herstellers Sikorsky, ein spektakulär und gleichzeitig unglaublich provisorisch wirkendes und von vier Propellern angetriebenes Flugzeug. Im November des gleichen Jahres wurde in Berlin die Deruluft Deutsch-Russische Luftverkehrs AG gegründet, die Fokker F-III mit russischer und deutscher Registrierung einsetzte und zweimal wöchentlich Post zwischen der Exklave Königsberg (heute Kaliningrad) und Moskau sowie später von Berlin nach Leningrad beförderte.

Am 3. Februar 1923 genehmigte das Sownarkom die Ausweitung des zivilen Luftverkehrs in der Sowjetunion. Dieses Datum gilt als Urknall für Aeroflot, denn die Erklärung führte unmittelbar zur Gründung der Vorgängergesellschaft Dobrolet am 17. März, die fortan Passagier-, Luftpost- und Frachtflüge sowie landwirtschaftliche und fotografische Vermessungsaufgaben durchführen sollte.

Der Name war eine Anspielung auf die Freiwilligenflotte der russischen Handelsmarine, die im Russischen die Kurzform Dobroflot („Freiwillige Flotte") trug. Der berühmte Künstler und Fotograf Alexander Rodtschenko entwarf das ikonische Hammer-und-Sichel-Logo, das noch heute von Aeroflot verwendet wird. Dobrolet nahm am 15. Juli den Linienflugverkehr von Moskau nach Nischni Nowgorod auf.

Die gigantische Tu-114 fungierte seit ihrem Erstflug im November 1957 als das Flaggschiff der Sowjetunion, bis sie in dieser Rolle von der Il-62 abgelöst wurde. Sie flog fast so schnell wie ein Jet und konnte bis zu 200 Passagiere transportieren. Bis zur Außerdienststellung des Typs 1976 waren bis zu 32 Flugzeuge für die Aeroflot unterwegs. **via Don Howell**

Im selben Jahr wurde eine Unterabteilung mit Sitz in Taschkent in der Usbekischen SSR für Flüge nach Almaty in der benachbarten Kasachischen SSR eingerichtet. Eine weitere Unterabteilung mit Sitz in Sewastapol nahm den Dienst auf der Krim auf. Weitere frühe Strecken waren Kasan, Odessa und Rostow am Don. 1929 wurde die Fluggesellschaft mit der ukrainischen Fluggesellschaft Ukrpowitroschliach und der georgischen Zakavia zusammengelegt. Am 29. Oktober 1930 gab man die Marke Dobrolet auf und am 25. März 1932 wurde der bereits als Abkürzung verwendete Name Aeroflot (Luftflotte) offiziell.

Die Tupolew ANT-20 Maxim Gorki war ein achtmotoriges Ungetüm mit einer Spannweite so groß wie eine Boeing 747. Sie flog zum ersten Mal im Mai 1934, obwohl da schon klar war, dass sie für den Massentransport nicht viel taugen würde. Das Flugzeug wurde zu Propagandazwecken eingesetzt und verfügte über einen eigenen Radiosender, eine Druckerei, einen Filmprojektor und ein Postamt (!). Trotz ihrer gigantischen Größe konnte sie zerlegt und mit der Bahn transportiert werden. 364 Tage nach ihrem Erstflug stürzte sie nach einer Kollision mit einem einsitzigen Polikarpow I-5-Doppeldecker ab, aber trotz ihrer kurzen Lebensdauer zeigte sie deutlich, wieviel Ehrgeiz die Sowjetunion in die Entwicklung ihrer Luftfahrtindustrie steckte. Die Douglas DC-3 wurde von der Sowjetunion für die lokale Produktion lizenziert, nachdem der Luftfahrtingenieur Boris Pawlowitsch Lisunow zwei Jahre in Santa Monica verbracht hatte, um den Entwurf zu übersetzen. Die ursprünglich als PS-84 bezeichnete Lisunov Li-2 wurde ab 1939 in Moskau (und im Zweiten Weltkrieg während der Evakuierung Moskaus auch in Taschkent) produziert. Insgesamt wurden mindestens 5000 Exemplare gebaut.

Doch schon bald, im Herbst 1943, plante das Iljuschin Konstruktionsbüro einen einheimischen Ersatz für die Li-2, einen Tiefdecker mit Dreiradfahrwerk und konventionellem Leitwerk. Das Ergebnis war die Il-12, die am 15. August 1945 erstmals flog und von der in den folgenden vier Jahren 663 Exemplare gebaut wurden. Der Typ wurde ab Juni 1947 bei Aeroflot mit 21 Sitzplätzen in Dienst gestellt. Das internationale Debüt gab die Il-12 im folgenden Jahr auf der Strecke Moskau-Sofia und der längste Inlandsflug führte bis nach Chabarowsk, eine Reise von 28 Stunden, mit fünf Zwischenstopps. Auch an einige Airlines im sowjetisch kontrollierten Osteuropa konnte das Muster verkauft werden, so an die ungarische Malev, LOT in Polen, die rumänische TAROM und TABSO in Bulgarien. 20 Exemplare gingen an CAAC in China.

Trotz dieses Erfolges war die Il-12 untermotorisiert, ihre Tragflächenkonstruktion zu wenig ausgeklügelt, was bald zu einem verbesserten Nachfolgemodell, der Il-14 führte. Und die wurde mit 1.348 Exemplaren ein echter Hit! Neben Produktionslinien in Moskau und Taschkent wurden zwischen 1956 und 1959 80 Exemplare von den VEB Flugzeugwerken in Dresden und zwischen 1956 und 1960 weitere 200 von Avia in der Tschechoslowakei gebaut. Die Il-14 war mindestens bis in die 1990er Jahre recht weit verbreitet, einige wenige Exemplare fliegen sogar noch heute als Frachter oder werden von Liebhabern lufttüchtig gehalten.

Der französische Luft- und Raumfahrtingenieur Maxime Guillaume hatte die Idee, ein Flugzeug mit einer Turbine anzutreiben, bereits 1921 patentieren lassen, und in Großbritannien veröffentlichte Alan Arnold Griffith 1926 für das Royal Aircraft Establishment das Werk *An Aerodynamic Theory Of Turbine Design*. Sein britischer Kollege Frank Whittle arbeitete in den 1930er Jahren an der Entwicklung von Axialverdichtern, aber die Arbeit von Hans von Ohain in Deutschland führte dazu, dass das erste Düsenflugzeug, das flog, am 27. August 1939 die Heinkel He-178 war. Ihr folgte am 18. Juli 1942 die Messerschmitt Me-262, die im April 1944 als erstes Düsenjagdflugzeug der Welt in Dienst gestellt wurde. Die Briten folgten mit der Gloster Meteor, die im Juli desselben Jahres bei der Royal Air Force den Dienst aufnahm. Das erste amerikanische Düsenjagdflugzeug war die P-59 Airacomet der Bell Aircraft Corporation, die später die Bell X-1, das erste Überschallflugzeug der Welt, baute.

Das erste serienmäßig hergestellte Düsentriebwerk der Sowjetunion war gewissermaßen eine Leihgabe von Rolls-Royce. Großbritannien war bestrebt, die Beziehungen zur UdSSR zu verbessern, und verkaufte Mustertriebwerke, Blaupausen und technische Daten an das Kirill Klimow Konstruktionsbüro, das das Rolls-Royce Nene in kürzester Zeit zum Prototyp RD-45 umarbeitete, der als VK-1 in Produktion ging und später die MiG-15 antrieb. Von ihr wurden 12.000 einheimische Maschinen gebaut, 6.000 weitere in China, der Tschechoslowakei und Polen.

Es dauerte nicht lange, bis die echte russische Düsentechnologie aufholte und die Mikulin AM-3 und AM-5 Turbojets produziert wurden, ohne auf importierte Technologie angewiesen zu sein.

Die Tupolew Tu-16, die am 27. April 1952 ihren Erstflug absolvierte, war ein erfolgreicher Bomber, von dem 1.509 Exemplare hergestellt wurden, darunter auch Exporte nach Ägypten, Irak und Indonesien, sowie weitere 180 Exemplare, die in China in Lizenz als Xian H-6 gebaut wurden. Mit der Tu-16 und ihrem Triebwerk, das sich rasch durchsetzte, waren die Ambitionen der Sowjetunion in Bezug auf düsengetriebene zivile Verkehrsflugzeuge in vollem Gange.

Als Aeroflot am 15. September 1956 die Tupolew Tu-104 unter dem Kommando von Boris Bugajew, dem persönlichen Piloten von Leonid Breschnew, auf der langen Strecke von Moskau über Omsk nach Irkutsk einführte, war die Sowjetunion allen anderen Nationen auf einmal voraus. Zumindest solange, bis Großbritannien am 4. Oktober 1958 die de Havilland Comet in den Liniendienst stellte und die Vereinigten Staaten wenige Wochen später am 26. Oktober mit der Boeing 707 das Jet-Zeitalter einläuteten.

In der Sowjetunion wurde das Wachstum des Luftverkehrs durch eine enorme Nachfrage angetrieben. Ende 1958 verfügte Aeroflot über ein Streckennetz von 349.000 Kilometern und beförderte 8.231.500 Passagiere sowie 445.600 Tonnen Post und Fracht. 15 % der Kapazität der Fluggesellschaft wurde durch Düsenflugzeuge abgedeckt. In einem so großen Land machen Düsenflugzeuge einen bedeutenden Unterschied. Im Propellerzeitalter war Jekaterinburg die am weitesten von Moskau entfernte Stadt, die nonstop angeflogen wurde, 1770 Kilometer östlich. Mit der Einführung der Tu-104 konnte ein in Moskau aufgegebener Brief noch am selben Tag Wladiwostok am Pazifischen Ozean erreichen.

Bis 1961 stieg die Zahl der Passagiere auf 21.800.000 und 1964 auf 36.800.000, mit Direktflügen von Moskau in 100 Städte, von Leningrad in 44 und von Kiew in 38. Anders als im Westen handelte es sich bei den meisten Fluggästen nicht um Reisende, die ihre Flüge aus eigener Tasche bezahlten. Internationale Reisen waren für den durchschnittlichen Sowjetbürger äußerst problematisch, Inlandsflüge teuer: Ein normaler Flug kostete das durchschnittliche Gehalt von zwei Wochen. Oft waren es die Mitgliedschaft in der Partei, einem Berufsverband oder ähnlichem, die solche Reisen sponserten. Der beliebte Kurort Mineralnyje Vody im Kaukasus hatte 1964 Nonstop-Flüge in 48 Städte der Sowjetunion, ziemlich unglaublich!

In der Sommersaison 1970 beförderte Aeroflot täglich 400.000 Menschen, aufs ganze Jahr gerechnet 100 Millionen! Und das war noch nicht das Ende der Fahnenstange! Diese Zahlen scheinen gigantisch, aber auch die Flugzeugflotte der Aeroflot ging in die Tausende.

Nicht nur die Städte innerhalb der Sowjetunion waren extrem gut miteinander verbunden. Auch wenn Inlandsflüge den Großteil des Flugverkehrs ausmachte, so hatte zumindest Moskau früh auch sehr gute Verbindungen in fast alle Winkel der Welt. Das Streckennetz reichte von Tokio über Montreal bis nach Havanna oder Mexiko City.

Eine Besonderheit waren die berühmten vierzehntägigen Tu-154-Flüge der Aeroflot in die entlegensten Gebiete des sowjetischen Einflussbereichs in Afrika südlich der Sahara. Nicht genug Aufkommen für einen wöchentlichen Flug? Kein Problem, fliegen wir halt vierzehntägig - so schien das Motto zu sein.

Nicht nur Aeroflot kam in den Genuss der neusten in der Sowjetunion produzierten Flugzeuge. Einer der Pioniere in Sachen Langstreckenflugverkehr war die DDR-Fluglinie Interflug. Sie beflog mit ihrer Flotte von Il-18 und Il-62 ein erstaunliches Streckennetz auf vier Kontinenten, oft mit mehreren Zwischenstopps. Ein typischer Il-62 Flug führte zum Beispiel von Hanoi über Bangladesch und Pakistan (wo in Karachi ein Crewwechsel stattfand) nach Berlin. Die Il-18 flog nicht nur auf Linieneinsätzen sondern oft spektakulären Sondereinsätzen zu den abenteuerlichsten Flugplätzen mit einfachster Infrastruktur. Es war die robuste sowjetische Technologie, die solche Flüge möglich machte! Und in deren Genuss übrigens auch zahlreiche Westbürger kamen, die von den sehr günstigen Interflug-Tarifen profitierten und ab Schönefeld günstig in die Welt flogen. Die einzige transatlantische Route der Interflug führte über das kleine kanadische Örtchen Gander, an der Atlantikküste Neufundlands, deren einziger Zweck darin zu bestehen schien, Tankstelle für Flüge über den Atlantik zu sein, nach Havanna.

Einige Ostdeutsche nutzten den Zwischenstopp in Kanada, um in den Westen überzulaufen. Es wird angenommen, dass mehrere Male eine Familie ganz

Der Flughafen Baku im Jahr 1976. Die Tu-154 rechts im Bild, CCCP-85169, wurde am 19. Mai 1978 zum Totalverlust, als sie auf einem Flug nach Leningrad kein Kerosin mehr in den Tanks hatte und ein Segelflugmanöver in einer Notlandung mit vier Toten endete. **Valentin Grebnew** Transport-Photo Images

Die vierköpfige Cockpitcrew einer Il-86 bei der Arbeit. **Fjodor Borisow** Transport-Photo Images

Aeroflot Flottenparade im Jahr der Moskauer Olympischen Spiele, 1980. **Valentin Grebnew** Transport-Photo Images

pragmatisch ihren Urlaub im sonnigen Kuba genoss, bevor sie auf der Rückreise in Gander Asyl beantragen wollte. Man stelle sich das böse Erwachen vor, wenn man in Havanna in den Flieger steigt, bereit, sich vor einem kanadischen Einwanderungsbeamten zu Kreuze zu kriechen, nur um dann zu hören, wie der Kapitän fröhlich verkündet, dass der Rückflug nach Berlin aufgrund starken Rückenwinds heute ausnahmsweise nonstop fliegen und sogar noch vor der geplanten Zeit landen wird...

Interflug war nicht die einzige sozialistische Fluggesellschaft, die Langstreckenflüge anbot - die tschechoslowakische CSA flog mit Il-18, später mit Tu-124 und schließlich mit Il-62 nach Jakarta, und die nordkoreanische Choson Minhang (CAAK) flog mit ihren Il-18 (die bis vor einigen Jahren noch recht regelmäßig eingesetzt wurden) von Pjöngjang über Moskau bis nach Berlin. LOT flog bereits 1973 mit Il-62 nach New York und Toronto, und Cubana bediente mit ihren Il-62 Südamerika, Teneriffa (wo es eine beträchtliche kubanische Gemeinde gibt) und Madrid. Da Kuba später als andere Länder Teil des sowejtischen Einflussbereichs wurde, flog man die ersten Langstreckenflüge noch mit in Großbritannien gebauten Bristol Britannia Propellermaschinen.

Die Aufstände in Ost-Berlin 1953, in Ungarn 1956 und der Prager Frühling 1968 waren, auch wenn es damals nicht so aussah, Anzeichen dafür, dass der kommunistischen Vorherrschaft in Osteuropa zumindest keine endlose Zukunft beschieden sein könnte. Der Streik der Hafenarbeiter in Polen 1980 war ein weiterer Sargnagel. Auch wenn niemand Hunger zu leiden brauchte, so führten die relativ schlechte allgemeine Lebensqualität und stark eingeschränkte Rede- und Bewegungsfreiheit zu wachsender Frustration und immer mehr zu offenen Protesten, vor allem in der DDR, wo man durch viele innerdeutsche Familienbande vielleicht den direktesten Vergleich zur „Konkurrenz" hatte. Die Berliner Mauer und die innerdeutsche Grenze waren sehr sichtbare Symbole des Kalten Krieges und der Teilung Europas. Spätestens als SED-Sprecher Günter Schabowski am Abend des 9.

Bulgarische Vorfeldszene.

Mark J Nutter

Ein geschäftiges Vorfeld auf dem Flughafen Kiew-Borispol in den späten 80er Jahren. **B. Korzin** Transport-Photo Images

November 1989 mehr oder weniger versehentlich die Öffnung der Berliner Mauer verkündete und sich eine deutsche Wiedervereinigung als Möglichkeit abzeichnete waren die Schleusen offen.

Anfang 1990 zogen die ersten Sowjetrepubliken nach und erklärten ihr Loslösung von der „liebenden Mutter". Den Anfang machte Litauen, im März folgten die baltischen Nachbarn Estland und Lettland, dann Armenien. 1991 fielen die anderen wie Dominosteine: Weißrussland, die Ukraine, Moldawien und Kirgisistan innerhalb weniger Tage im August, gefolgt von Usbekistan, Aserbaidschan, Tadschikistan im September und Turkmenistan im Oktober. Am 8. Dezember trafen sich die Staats- und Regierungschefs Russlands, der Ukraine und Weißrusslands in Weißrussland, um das Belawescha-Abkommen zu unterzeichnen, in dem die Sowjetunion für aufgelöst erklärt und durch die so genannte Gemeinschaft Unabhängiger Staaten (GUS) ersetzt wurde. Bekräftigt wurde dies durch das Protokoll von Alma-Ata, das am 21. Dezember von 11 der 12 Sowjetrepubliken (mit Ausnahme Georgiens) unterzeichnet wurde. In den frühen Morgenstunden des Weihnachtstages trat Michail Gorbatschow in einer landesweit im Fernsehen übertragenen Rede als Präsident der Sowjetunion zurück und übergab die Macht an Boris Jelzin, der im Juni zum Präsidenten Russlands gewählt worden war. Nachdem Gorbatschow an diesem Abend den Regierungssitz im Kreml in Moskau verlassen hatte, wurde die sowjetische Flagge zum letzten Mal vom Fahnenmast herabgelassen und die russische Trikolore an ihrer Stelle gehisst. Die Sowjetunion war Geschichte.

Die nun folgenden 1990er Jahre waren äußerst turbulent, was bei einem dermaßen harten Übergang von einem zentral geführten sozialistischen Megastaat zu vielen zersplitterten Ländern und oft unkontrolliertem Kapitalismus wohl kaum anders zu erwarten gewesen wäre.

Als die Sowjetunion zusammenbrach verfügte Aeroflot über eine unglaubliche Flotte von 2.500 Düsenflugzeugen, 2.500 Turboprop-Maschinen und 9.000 Hubschraubern und kleineren Starrflüglern (Landwirtschafts-, Vermessungs- und Schulungsflugzeuge) und beschäftigte rund 500.000 Mitarbeiter - soviel wie die gesamte Luftfahrtbranche in den USA oder Europa zusammengenommen. Die ikonische US-Airline Pan Am verfügte 1990 über geradezu lächerliche 152 Flugzeuge.

Das von Aeroflot „geerbte" Streckennetz in alle Winkel der ehemaligen Sowjetunion und die Deregulierung ließen buchstäblich Hunderte von kleinen Fluggesellschaften entstehen. Die Flugzeuge der Aeroflot wurden von lokalen Regierungen übernommen, um neue nationale Fluggesellschaften wie Armavia, Uzbekistan Airways und Air Ukraine zu gründen, oder innerhalb Russlands von lokalen Behörden oder Geschäftsleuten, um unabhängige Fluggesellschaften wie Bashkirian

CSA-Werbung aus dem Jahr 1978 mit einer Il-62 auf dem Flughafen Havanna. **Guy Van Herbruggen Collection**

Nachtszene auf dem Flughafen Scheremetjewo in den 90er Jahren. **Pawel Nowikow** Transport-Photo Images

Airlines, Omskavia, Arkhangelsk Airlines, Petropavlovsk-Kamchatsky Air Enterprise zu gründen, um nur eine Handvoll zu nennen. Einige von ihnen überlebten und wurden erfolgreich, wie z. B. Siberian Airlines, die zu S7 wurde, mit Aeroflot konkurriert und Mitglied der Oneworld Allianz ist. Am anderen Ende des Spektrums gab es (und gibt es noch heute) winzige Flotten mit einem oder zwei Flugzeugen in der tiefen Provinz des immer noch riesigen Russlands, eine Tu-134, die von einer lokalen Fabrik reaktiviert wurde, um einen Reiseclub zu gründen, eine Reihe von Jak-40, die von einem Bergbauunternehmen ausgemustert und zum Linienflugzeug umfunktioniert wurde oder eine Provinzregierung, die eine Handvoll Jak-42 oder Tu-154 in Betrieb nahm, um die wirtschaftlichen und kulturellen Verbindungen in die nächstgrößeren Metropolen Russlands sicherzustellen.

Ein weiteres Beispiel für die sehr schnelllebige Airlineszene der Region in den 1990er Jahren waren private Airlines, die Maschinen sowjetischer Bauart günstig übernehmen konnten, als Staatsairlines zunehmend auf Boeing oder Airbus setzten. Die Luftverkehrsbranche in der Tschechischen Republik ist ein gutes Beispiel dafür: als die nationale Fluggesellschaft CSA ihre veralteten Il-62 loswerden wollte, fanden sich dankbare Abnehmer wie Georgia Air Prague, Espo Air, Ensor Air oder Egretta, die ihr Glück kaum fassen konnten, Eigentümer eines vierstrahligen Düsenflugzeugs zu sein, das um die halbe Welt fliegen konnte und so gut wie nichts kostete. Die Flugzeuge wurden auf Charterflügen zu Sonnenzielen im Mittelmeerraum oder auf Sportcharterflügen in ganz Europa eingesetzt - eine Mobilität, die noch wenige Jahre zuvor undenkbar war.

Diese Newcomer hielten sich meist nur kurz - mit der günstigen Anschaffung der Flugzeuge war es nicht getan. Im Unterhalt und Betrieb waren sie ziemlich kostenintensiv, nicht zuletzt durch den sehr hohen Kerosinverbrauch. Dementsprechend war ihnen bei den oft finanzschwachen Airlines keine allzu lange Karriere vergönnt.

Weder in Sachen hoher Lebensstandard, noch was die persönliche Freiheit der eigenen Bürger anging, war die Sowjetunion im internationalen Vergleich vorne

SibNIA Jak-42 RA-42440 im Reiseflug auf 26.000 Fuß auf einer Forschungsmission. **Jewgeni Lebedew**

Vorfeldszene am Flughafen Krasnojarsk mit Flugzeugen der heimischen Fluglinie. **Leonid Faerberg** Transport-Photo Images

Ein Blick in die Zukunft des russischen Flugzeugbaus - ein Suchoi SSJ fliegt auf dem Flughafen Schukowski in Formation mit einer Tu-204. **Fjodor Borisow** Transport-Photo Images

dabei. Aber in einigen wissenschaftlichen Bereichen war sie zeitweise weltweit führend, darunter die Luft- und vor allem die Raumfahrttechnik. Dem Sputnik folgten das erste Tier, der erste Mann, die erste Frau und die erste mehrköpfige Besatzung im All. Der erste Formationsflug eines Raumschiffs, die erste Raumstation, die erste Sonde, die auf einem anderen Planeten landet (der Venus). Auch zu Zeiten, als die UdSSR selbst schon in ziemlich desolatem Zustand war (in den 1980er Jahren), leistete sie hier noch Pionierarbeit: die erste Weltraumcrew besuchte zwei verschiedene Raumstationen (Mir und Saljut 7), eine andere verbrachte mehr als ein Jahr im All und die erste permanent bemannte Raumstation, die „Mir" ging in Betrieb.

Heute, in Zeiten, da sich die modernen Flugzeuge scheinbar immer ähnlicher werden und auf den ersten Blick eine Boeing 787 kaum von einem Airbus A350 zu unterscheiden ist, blicken viele mit großer Nostalgie auf die sowjetischen Flugzeuge zurück, die in diesem Buch beschrieben werden. Alle relativ spektakulär, manche fast aggressiv in ihrem Aussehen. Sie alle waren leistungsstark, sicher und, gemessen an den Erwartungen der damaligen Zeit, effizient. Die meisten heutigen Fluggesellschaften setzen Flugzeuge ein, die in Sachen Produktivität und Sicherheit absolut unglaublich sind (2017 gab es weltweit keinen einzigen Todesfall in einem Verkehrsflugzeug), aber für die menschlichen Sinne ist etwas verloren gegangen. In puncto Sicherheit und Effizienz war die sowjetische Flotte mit ihren westlichen Pendants lange ebenbürtig; aber was den Lärmpegel und das spekatuläre Aussehen angeht, konnte niemand den klassischen Tupolews, Iljuschins und Jakowlews - den Düsenjets unter dem roten Stern - das Wasser reichen.

Charles Kennedy, Juni 2019
Baker St London &
Claygate, Surrey, England

Eine Tu-204 landet bei Sonnenuntergang. **Artjom Kuschlew**

Valentin Grebnew Transport-Photo Images

Tupolew Tu-104 & -124

Die Sowjetunion schrumpft

Die Sowjetunion hatte schon früh Erfahrung mit düsengetriebenen Bombern, darunter die Mjasischew M-4 und die Tupolew Tu-16, aber die zivile Flugzeugflotte der 1950er Jahre im größten Land der Welt, das sich über elf Zeitzonen erstreckte, bestand aus kleinen und langsamen kolbengetriebenen Lisunow Li-2, Iljuschin Il-12 und -14.

Flugzeugkonstrukteur Andrej N. Tupolew trat Anfang 1953 an das Zentralkomitee der Kommunistischen Partei heran und schlug ein Düsenverkehrsflugzeug vor, das zunächst als „Flugzeug 104" bezeichnet wurde und dessen Design sehr stark der Tu-16 ähnelte. Die beiden entscheidenden Vorteile eines Düsenverkehrsflugzeugs: es konnte doppelt so schnell und doppelt so hoch fliegen wie ein durchschnittliches Propellerflugzeug.

Am 11. Juni 1954 gab der Ministerrat grünes Licht für den Bau eines Verkehrsflugzeugs auf Grundlage der Tu-16.

Bei einem frühen Modell wurde der Rumpf einer Tu-4 (eine nachgebaute kolbengetriebene Kopie des Boeing B-29-Bombers) mit den Flügeln und dem Leitwerk einer Tu-16 verbunden. Dieser erste Entwurf erntete wenig Beifall, aber eine überarbeitete Version, die im Dezember 1954 vorgestellt wurde, stieß auf sehr viel mehr Gegenliebe bei den Entscheidungsträgern. Bald wurde das Flugzeug als Tu-104 bezeichnet, und die NATO vergab den Codenamen Camel. Das endgültige Layout sah einen neuen Rumpf mit einem Durchmesser von 3,5 Metern und einen niedrigen Flügel mit einer 37-Grad-Pfeilung vor, der in jeder Flügelwurzel ein einzelnes Triebwerk enthielt. Die Tu-104 war die erste Tupolew, die das charakteristische Hauptfahrwerk verwendete, das eingezogen in einer spitzen Verkleidung hinter der Tragflächenkante verschwand.

Bei der Flugerprobung der britischen Comet 1 stellte sich Metallermüdung als gravierendes Problem heraus. Die sowjetische Flugzeugindustrie erkannte früh, dass ihre mangelnde Erfahrung auf diesem Gebiet eine Gefahr darstellte, und so wurde ein Programm zur engmaschigen Überprüfung der frühen Baureihen entwickelt. In der Tat war das Thema Metallermüdung für Hersteller in aller Welt unbekanntes Terrain, mit Ausnahme der Briten, die mit ihrer Comet und einer Reihe von Abstürzen eine ziemlich grausame Lernkurve durchliefen. Später, als die Ursache der Comet-Abstürze vollständig geklärt war, teilten die Briten ihre Erkenntnisse mit allen Flugzeugherstellern weltweit, Kalter Krieg hin oder her. Und dieses großzügige Übersehen politischer und kommerzieller Bedenken half der Luftfahrtindustrie weltweit, bedeutende Fortschritte zu erzielen.

Man ging davon aus, dass der Bereich des Flugzeugs, in dem das Risiko einer Dekompression während des Flugs aufgrund eines defekten Fensters oder einer Tür am größten war, das Cockpit und der Navigationsplatz im Bug mit seiner großen Glasfläche war. Aus diesem Grund war die Trennwand im hinteren Teil des Cockpits ein Druckschott, das den Druckverlust in der Passagierkabine im Falle einer Dekompression verringerte oder ganz aufhielt. Meist war die Cockpittür so schwer wie ein Banksafe.

Obwohl frühe Flugzeuge mit Passagiersauerstoff ausgestattet waren, erklärte der sowjetische Luftfahrtminister Joginow, dies stelle eine unnötige Brandgefahr dar, und die Sicherheitsvorrichtung wurde aus der Produktion genommen. Heutzutage ein Ding der Unmöglichkeit! Interessanterweise waren auch die frühen britischen und französischen Düsenflugzeuge, einschließlich der meisten BAC One Elevens und einiger Caravelles, nicht mit Sauerstoffmasken für die Passagiere ausgestattet, bis potenzielle Käufer in den USA auf den Plan traten - American Airlines für die One-Elevens und United Airlines für die Caravelles - und diese Sicherheitsausrüstung zum Standard wurde. Auch die Concorde verfügte nie über Sauerstoffmasken für Passagiere!

Der Prototyp CCCP-L5400 wurde Anfang 1955 in Moskau gebaut. Nach Überprüfungen, Triebwerksläufen und dem Rollen aus eigener Kraft wurde die Maschine

Tu-104 im Vorbeiflog während einer Flugshow in Tuschino im Juli 1961. **Lew Polikaschin RIAN Archive**

demontiert und per Lastwagen zum Flugplatz in Schukowski transportiert, wo sie im Michail-M.-Gromow-Flugforschungsinstitut getestet wurde.

Am 17. Juni 1955 war die Tupolev Tu-104 das sechste Düsenflugzeug, das nach der Vickers Type 618 Nene-Viking, der de Havilland Comet 1, der Avro Canada C-102 Jetliner, der Boeing 367-80 und der Sud Aviation Caravelle in die Luft ging. Der 37-minütige Flug wurde ein voller Erfolg. Das öffentliche Debüt des neuen Düsenflugzeugs fand am 3. Juli anlässlich des Tags der Luftfahrt in Moskau-Tuschino statt.

Bis zum 12. Oktober 1955 wurden auf 41 Flügen 74 Stunden und 55 Minuten Flugerfahrung gesammelt. Zu den kleineren Problemen, die auftraten, gehörten der Verlust sämtlicher Geschwindigkeitsdaten bei einigen frühen Flügen und Probleme mit der Avionik, wie z. B. der Ausfall von Funk- oder Navigationsgeräten. Solche Ereignisse waren zu erwarten und konnten behoben werden, gleichzeitig wurden einige Verbesserungen an der Steuerung umgesetzt.

Der Prototyp wurde am 31. Januar 1956 dem Staatlichen Forschungsinstitut der Luftwaffe in Tschkalowskaja östlich von Moskau zur Erprobung übergeben. Bei mehr als 100 Flügen mit einer Gesamtdauer von 180 Stunden wurden der einmotorige Flug, das Ablassen von Treibstoff, der Notsinkflug, der Startabbruch bei hoher Geschwindigkeit, der Strömungsabriss, das Fliegen unter Vereisungsbedingungen und die strukturelle Festigkeit der Zelle getestet (zusätzlich wurden zwei Jahre lang Wassertankversuche an einer statischen Zelle durchgeführt, bei denen 7.200 Flugzyklen simuliert wurden).

Die erste Auslandsreise der Tu-104 fand am 22. März mit einem Flug nach London Heathrow statt. An Bord befand sich eine Delegation unter der Leitung des KGB-Chefs, General Iwan Serow, die nach London flog, um Sicherheitsvorkehrungen für den bevorstehenden Staatsbesuch des sowjetischen Ministerpräsidenten Nikita Chruschtschow in Großbritannien zu treffen. Die bisherige Entwicklung der Tu-104 war größtenteils unter Ausschluss der westlichen Welt erfolgt, und die meisten Beobachter

Die Tu-104A CCCP-42463 flog vom 23. Mai 1960 bis zu ihrer Außerdienststellung 1979 für Aeroflot. Hier aufgenommen in Stockholm. **Lars Soderstrom**

staunten nicht schlecht über die Maschine, die da plötzlich landete. Britische Zeitungen berichteten ehrfürchtig über „Russlands Geheimflugzeug".

Der Kommandeur der Londoner Mission war Hauptmann Stariow, der für die Ausbildung der Flugbesatzungen und Technikcrews für den neuen Jet verantwortlich war. Ein Teil der Ausbildung wurde an einem zivilen Tupolew Tu-16-Bomber absolviert, der als Tu-104G (G für „Graschdanski", „zivil") bezeichnet wurde.

Der Zertifizierungsprozess endete mit der Zulassung der Tu-104 für Passagierflüge am 15. Juni 1956. Der erste kommerzielle Flug fand am 15. September statt und führte von Moskau über Omsk nach Irkutsk, eine Gesamtstrecke von 4.292 km. Das neue Düsenflugzeug verkürzte die Reisezeit von 13 Stunden und 50 Minuten auf nur sieben Stunden und 40 Minuten - ein hervorragendes Beispiel für die wichtige Rolle, die dem Düsentriebwerk bei der (schnelleren) Verbindung der weit voneinander entfernten Teile der Sowjetunion zukommen würde.

Tu-104B auf dem Vorfeld in Simferopol; dieses Flugzeug stieß am 24. März 1960 zur Aeroflot und flog dort bis zur Ausmusterung des Musters 1980. **Valentin Grebnew** Transport-Photo Images

Die frühe Passagierkabine der Tu-104 war in zwei kleine Abteile vor der Tragfläche mit sechs und acht Sitzen mit Tischen unterteilt, gefolgt von einer Kabine mit acht Sitzen hinter der Tragfläche und der Hauptkabine mit immerhin 28 Sitzen in Sitzpaaren auf beiden Seiten des Ganges. Die Innenausstattung wurde als „Homestyle" bezeichnet und war auch als „Imperial Style" bekannt. Highlights waren vergoldetes Dekor, Walnusspaneele, Bleiverglasung, schwere Messingverzierungen, Spitzensitzbezüge und Plexiglasvitrinen mit verschiedenen Ornamenten. Das Ergebnis erinnerte an einen viktorianischen Eisenbahnwagen. Gott weiß, was diese Opulenz zum Gewicht des Flugzeugs beitrug.

Der Einfluss der Tu-104 auf fast jeden Bereich des sowjetischen Lebens kann nicht hoch genug eingeschätzt werden. Der sechste Fünfjahresplan (1956-1960) forderte eine Ausweitung der Rolle der Aeroflot in allen Bereichen der Wirtschaftstätigkeit. Die Modernisierung von Flughäfen und Streckeneinrichtungen im ganzen Land hatte höchste Priorität, zunächst auf 80 Flugplätzen, die als besonders sanierungsbedürftig eingestuft worden waren. Ein Teil dieser Infrastruktur ist auch heute noch in Betrieb.

Ende 1956 verfügte Aeroflot schon über 20 Tu-104, die ein ständig wachsendes Streckennetz innerhalb der Sowjetunion sowie eine immer größere Zahl internationaler Flüge bediente, den Anfang machte die Strecke nach Prag am 12. Oktober.

Das Tupolew-Konstruktionsbüro begann bald mit der Arbeit an einer verbesserten Tu-104A, die den gleichen Rumpf wie das Basismodell behielt, aber eine modernisierte (und durchaus von westlichen Vorbildern inspirierte) Passagierkabine aufwies. Möglicherweise kam man zu dem Schluss, dass zuviel Luxus in einem kommunistischen Land irgendwie merkwürdig wirken könnte. Die etwas nüchternere und enger bestuhlte Kabine bot 70 Passagieren Platz. Die Mikulin AM-3-Triebwerke wurden durch leistungsstärkerer AM-3M-Motoren ersetzt. Der erste kommerzielle Flug einer Tu-104A erfolgte am 10. Juli 1957 mit der CCCP-L5421 von Moskau-Wnukowo aus.

Es war eine Tu-104A, die die erste Atlantiküberquerung einer sowjetischen Zivilmaschine seit Beginn des Zweiten Weltkriegs unternahm. Die CCCP-L5438 brachte eine Delegation zu den Vereinten Nationen nach New York und erregte bei ihrer Landung auf der Wrightstown Air Force Base am 4. September 1957 ein ähnliches Aufsehen wie der ursprüngliche Prototyp in Heathrow im Jahr zuvor.

Nachdem die Tu-104A sich auf dem innersowjetischen Netz gut etabliert hatte, führte der erste internationale Flug in die albanische Hauptstadt Tirana, gefolgt von Routen nach Peking, Kairo und Delhi.

Der einzige Exportkunde für die Tu-104 war die tschechoslowakische Fluggesellschaft CSA, so etwas

Diese Tu-104, CCCP-42395, flog für zwei Jahrzehnte bei Aeroflot und wurde 1979 außer Dienst gestellt. **Guy Viselé**

wie ein „Musterschüler“ unter den Fluggesellschaften der kommunistischen Welt, die drei Tu-104A übernahm, beginnend mit der OK-LDA, die am 2. November 1957 nach Prag geliefert wurde. Der erste Düsenflug der CSA führte am 9. Dezember standesgemäß nach Moskau. Letztendlich betrieb die tschechoslowakische Fluggesellschaft sechs Maschinen des Typs - vier fabrikneue und zwei gebrauchte. Die letzten drei Maschinen wurden im April 1974 ausgemustert.

Andrej Tupolew beauftragte einen seiner besten Mitarbeiter, Dmitri Markow (später Chefingenieur des Tu-154-Programms), mit der Entwicklung einer komplett neuen Variante, einer viermotorigen Maschine mit größerer Reichweite für Interkontinentalflüge und dem klaren Ziel, sie in größeren Stückzahlen zu exportieren. Der Entwurf wurde als Tu-110, NATO-Codename Cooker, bezeichnet, am 12. August 1956 gab der Ministerrat für den Bau des Prototypen in der Kasaner Flugzeugfabrik grünes Licht.

Als Triebwerk für die viermotorige Variante wurde das Ljulka AL-5 mit einer Schubleistung von 4.600 kg gewählt, und der Rumpf wurde um 1,2 m verlängert, um die Passagierkapazität zu erhöhen. Die Tragfläche hatte gegenüber der Tu-104 eine 2,40m größere Spannweite, vergrößerte Lande- und zusätzliche Bremsklappen. Einige der Kabinenfenster wurden neu angeordnet und einige kleinere Änderungen im Inneren vorgenommen, die eine Bestuhlung mit fünf anstatt vier Sitzen pro Reihe ermöglichten. Die Passagierkapazität stieg so auf 100 - 30 in der vorderen Kabine, 15 über der Tragfläche und 55 in der hinteren Kabine.

Tu-104 Broschüre.

Tu-110.

Flughafen Wnukowo im Juni 1971. **Lew Polikaschin**

Trotz dieser Verbesserungen bestand nach den massiven Investitionen in die Boden- und Streckeninfrastruktur, die für den Betrieb der Tu-104 erforderlich waren, kein wirkliches Interesse an einem weiteren neuen Typ, die Verbesserungen waren einfach nicht überzeugend genug. Als die Tu-110 am 11. März 1957 zum ersten Mal in die Luft ging, war bald klar, dass der Typ nicht für den Passagierverkehr eingesetzt werden würde, und so erhielt er die militärische Registrierung 5600 und einen roten Stern im Leitwerk. Nach Abschluss der Flugerprobung wurde das Flugzeug an das Kiewer Institut für Zivilluftfahrttechnik ausgeliefert, wo es als fliegender Prüfstand für diverse Experimente eingesetzt wurde.

Die für die Tu-110 entwickelte Rumpfverlängerung und der neue Flügel wurden in die Tu-104B eingebaut. Das verbesserte AM-3M-500-Turbotriebwerk sorgte dafür, dass die Flugleistungen trotz des höheren Strukturgewichts und der höheren Nutzlast mit denen der leichteren Tu-104A vergleichbar blieben.

Die Tu-104B kam nur selten auf internationalen Strecken zum Einsatz, stattdessen flog sie auf den aufkommensstarken Routen innerhalb der Sowjetunion, in erster Linie auf der Strecke von Moskau nach Leningrad (heute Sankt Petersburg), zum ersten Mal am 15. April 1959.

Obwohl die Tu-110 kein Erfolg wurde, sah man beim Konstruktionsbüro Potenzial in einer weiteren Abwandlung der Tu-104. Und diesmal ging der Plan auf: Die Tu-104 leistete auf den Hauptstrecken gute Dienste, aber kleinere, dünnere Städtepaare waren immer noch auf Propellermaschinen angewiesen. Am 18. Juli 1958 erließ der sowjetische Ministerrat die Direktive Nr. 786-378 für die Entwicklung eines kleineren, leichteren Düsenflugzeugs, das diese Lücke füllen sollte und als Tu-124 bekannt wurde.

Ziel war es, eine rund 20% kleinere Variante der Tu-104 zu schaffen, die jedoch nur halb so viel wiegen sollte. Als Triebwerk wurde der Solowjow D-20 Turbofan ausgewählt. Während der Prototyp im Moskauer Maschinenwerk Nr. 156 gebaut wurde, liefen im Werk in Charkow bereits die ersten Serienmodelle vom Band. Der Prototyp CCCP-45000 wurde per Lastwagen zum Gromow-Flugforschungsinstitut in Schukowski transportiert und flog zum ersten Mal am 29. März 1960. Vier Serienmodelle nahmen ebenfalls am Testprogramm teil (zwei wurden lediglich für statische Tests verwendet), das im September 1962 abgeschlossen wurde.

Die Tu-124 wurde erstmals am 2. Oktober auf der Strecke Moskau-Tallinn eingesetzt und markierte

Tu-110 Verkaufsbroschüre für die Brüsseler Weltausstellung 1958.

via Bruno Vandermueren

Die OK-LDA war die erste Tu-104 der CSA und flog zwischen 1957 und 1973 für die tschechoslowakische Airline. Aufgenommen in Stockholm im November 1970. **Lars Soderstrom**

Die V664 war eine von drei Tu-124, die die indische Luftwaffe betrieb. Heute ist sie in Palam ausgestellt. **Richard Vandervord**

Die Tu-124V OK-UEC wurde 1965 an die CSA ausgeliefert und 1973 an Aeroflot weiterverkauft. **Guy Viselé**

den Beginn einer ziemlich erfolgreichen Karriere bei Aeroflot. Sie füllte zwei verschiedene Nischen - sie flog auf prestigeträchtigen internationalen Flügen nach Warschau, Ost-Berlin und Prag und brachte vielen kleineren Städten in der Sowjetunion zum ersten Mal eine Verbindung per Jet.

Trotz des niedrigen Anschaffungspreises war die Tu-124 kein großer Exporterfolg. Sie wurde nur an die CSA in der Tschechoslowakei und an die Nationale Volksarmee der DDR (die zwei von drei Maschinen in Interflug-Bemalung betrieb) verkauft. Die DDR-Maschinen wurden später an die Sowjetunion zurückgegeben, CSA verkaufte ihre drei Maschinen an Iraqi Airways, die sie als VIP-Flugzeuge einsetzte. Drei weitere VIP-Maschinen wurden an die indische Luftwaffe verkauft und die chinesische Luftwaffe übernahm zwei Maschinen als Navigationstrainer, die 1990 außer Dienst gestellt wurden.

Im Frühjahr 1961 begann die Aeroflot mit einem umfangreichen Modifikationsprogramm zur Modernisierung der Tu-104A-Flotte. Die Flugzeuge wurden schrittweise überarbeitet, um 100 Passagieren in einer ähnlichen Konfiguration wie die Tu-104B Platz zu bieten; diese Modernisierung wurde als Tu-104V bezeichnet. Eine weitere Umrüstung derselben Maschinen begann Ende 1964, als sie mit den verbesserten AM-3M-500-Triebwerken nachgerüstet und mit 85 Passagiersitzen ausgestattet wurden; diese Maschinen wurden als Tu-104D bezeichnet. Sie wurden zunächst an die ukrainische Direktion der Aeroflot geliefert und ab Odessa nach Moskau und später nach Leningrad eingesetzt.

1966 wurde der Chefingenieur der Aeroflot-Basis in Wnukowo damit beauftragt, die Tu-104B-Flotte für die Beförderung von 104 Passagieren umzurüsten, und im März 1967 wurde bekannt gegeben, dass einige Tu-104B nun 115 Passagiere befördern konnten, fast doppelt so viele wie in den allerersten Tu-104.

Die Tu-104-Familie erwies sich im Flugbetrieb als sehr zuverlässig. Die Zeit zwischen den Triebwerksüberholungen wurde zunächst

Cockpit einer Tu-124. **Andrew Babin**

auf konservative 300 Stunden festgelegt und dann schrittweise auf 2.000 Stunden erhöht. 1964 wurde die erste Tu-104, die an Aeroflot geliefert worden war (ursprünglich CCCP-L5412, später umregistriert als CCCP-42318), aus dem Verkehr gezogen, um an einem Forschungsprogramm zur Überprüfung der Lebensdauer der Zelle teilzunehmen. Sie wurde in einen Wassertank gestellt und unter Druck gesetzt und wieder entlastet, um die Auswirkungen der Flugzyklen zu simulieren. Obwohl die Tu-104 entwickelt wurde, bevor die Comet 1 ihre katastrophale Serie von Abstürzen aufgrund von Metallermüdung erlitt, wurden keine strukturellen Schwächen festgestellt.

Die Vorreiterrolle in dieser neuen Technologie hatte aber dennoch ihren Preis: Die aerodynamischen Eigenschaften des ersten Düsenflugzeugs der Sowjetunion führten teilweise zu Problemen. Am 16. Mai 1958 gerieten beide Triebwerke einer CSA Tu-104A während Turbulenzen in Brand; ein Triebwerk konnte neu gestartet werden und es gelang eine Notlandung auf einem tschechoslowakischen Luftwaffenstützpunkt. Am 22. Juni erlitt eine weitere Tu-104A, diesmal im Dienst der Aeroflot, im Reiseflug in 12.500 Metern Höhe einen Strömungsabriss, nachdem sie in einen starken Aufwind geraten war. Sie verlor 2.000 Meter an Höhe, ehe die Piloten sie abfangen konnten.

Die DM-SDA, hier aufgenommen in Prag, trug die Interflug-Farben als Tarnung. Tatsächlich flog sie für die ostdeutschen Streitkräfte und wurde 1975 an Aeroflot weitergereicht, wo sie bis September 1983 im Liniendienst flog. **Jacques Barbé**

Die Tu-124V CCCP-45070 flog von 1964 bis 1977 im auf dem Streckennetz der Aeroflot. Aufgenommen in Stockholm an einem kalten Tag im April 1966. **Lars Soderstrom**

Am 15. August hatte CCCP-42349 kein Glück, als sie nach Turbulenzen ins Trudeln geriet, 12.000 Meter tief fiel und in der Nähe der südsibirischen Stadt Tschita abstürzte. Am 17. Oktober ereilte die CCCP-42362 in der Nähe von Kasan ein ähnliches Schicksal. Obwohl die Flugzeuge der damaligen Zeit nicht über Flugdatenschreiber verfügten, übermittelte der Funker des zweiten Fluges die Situation und die Handlungen der Piloten während des gesamten Notfalls - der Tower zeichnete die verzweifelten Mitteilungen auf und das tapfere Handeln des Funkers half bei den Unfallermittlungen sehr.

Die Dienstgipfelhöhe des Flugzeugs wurde auf 10.000 Meter begrenzt, die hintere Schwerpunktlage auf 25,6 % statt 30 %, die maximale Neigung der Stabilisatoren wurde von zwei Grad auf ein Grad reduziert, und die Höhenruderausschläge um drei Grad erhöht. Außerdem wurden die von den Bombern übernommenen AGB-Lageanzeiger (auch als künstlicher Horizont bekannt) durch AGI-1-Instrumente, wie sie in Militärjets Verwendung fanden, ersetzt.

Diese Änderungen und Einschränkungen basierten auf den Daten, die auf einer ganzen Reihe von Testflügen mit dem Prototyp CCCP-L5400 und einer weiteren Maschine, CCCP-L5421, gewonnen wurden. Bei einem dieser Testflüge geriet die CCCP-L5421 ins Trudeln und kippte auf den Rücken; Kapitän Kowaljow konnte das Flugzeug stabilisieren und sicher landen. Dass die Maschine bei derart extremen Manövern letztlich unversehrt blieb, zeugt von der Robustheit der Tu-104.

Andere Mängel, die bei der Indienststellung zutage traten, wie die Tendenz des Fahrwerks, bei hohen G-Belastungen auszufahren, und das Fehlen eines Klappensteuerungssystems, das ein asymmetrisches Ausfahren der Klappen verhindert, wurden im Laufe der Weiterentwicklung des Typs behoben.

Trotz dieser Verbesserungen gab es immer wieder Zwischenfälle. Die Technologie moderner Düsenjets stand immer noch am Anfang und war recht anfällig, bei westlichen Jets wie der Boeing 707 oder der DC-8 war das nicht anders. Immer wieder gingen Flugzeuge aus den verschiedensten Gründen durch Unfälle im Betrieb verloren. Am 16. März 1961 führte eine Triebwerksexplosion bei der CCCP-42438 zu einer Notlandung auf einem zugefrorenen See, die in einer Katastrophe endete; am 3. Oktober 1962 stürzte die CCCP-42366 in der Nähe von Chabarowsk ab, wobei alle Insassen starben. Ein weiterer Absturz ereignete sich am 25. Oktober 1962 mit der CCCP-42495, die unmittelbar nach dem Start von Moskau-Scheremetjewo zerschellte, weil die Querrudersteuerung nicht korrekt montiert war.

Bis 1973 trug jeder Flugzeugtyp der Aeroflot-Flotte eine etwas andere Lackierung, doch in jenem Jahr wurde eine standardisierte Bemalung eingeführt. Die

Die Tu-104B CCCP-42416 auf dem Pariser Aérosalon in der letzten Bemalungsvariante, die dieses Muster trug. **Jacques Barbé**

Diese Tu-104, CCCP-L5415, wurde 1956 gebaut und ist im Kiewer Luftfahrtmuseum ausgestellt. **Guy Viselé**

meisten Tu-104 der letzten Baujahre blieben lange genug im Dienst, um noch in die neuen Farben umlackiert zu werden.

Nach einem tödlichen Absturz in Moskau am 17. März 1979, der durch einen falschen Feueralarm in einem Triebwerk ausgelöst wurde und mit einem schlecht geflogenen Notanflug und einer Notlandung endete, bei der 58 der 113 Menschen an Bord ums Leben kamen, wurde die Tu-104 aus dem Liniendienst genommen. Da die letzten Tu-104 ohnehin ausgemustert werden sollten, beschleunigte der Unfall das Ausmusterungsdatum nur um Monate.

Zahlreiche Flugzeuge wurden an die sowjetische Luftwaffe, die Marine und an verschiedene Industrie- und Parteiorganisationen weitergereicht, und so flog der Typ noch etwas am sowjetischen Himmel. Ein weiterer Unfall beendete die Karriere des Typs jedoch vorzeitig: am 17. Februar 1981 stürzte die Tu-104D CCCP-42332 der sowjetischen Marine bei Puschkin in der Nähe von Leningrad ab. Grund dafür war ein asymmetrisches Einfahren der Landeklappen, wodurch das Flugzeug unmittelbar nach dem Start ins Schlingern geriet; bei niedriger Geschwindigkeit stand nicht genügend Querruderkraft zur Verfügung, um der Schräglage entgegenzuwirken, und das Flugzeug stürzte ab. Alle 51 Insassen starben. Der gesamte Tu-104-Flugbetrieb in der Sowjetunion kam abrupt zum Ende.

Der allerletzte Flug einer Tu-104 wurde von der CCCP-42322, einer Tu-104A, durchgeführt, die auf einem Flugplatz in der Nähe von Murmansk abgestellt worden war. Sie wurde wieder flugfähig gemacht und am 11. November 1986 ins Luftfahrtmuseum in Uljanowsk geflogen, begleitet von einer Tu-134A des Staatlichen Wissenschaftlichen Testinstituts als Verfolger. Auch die Tu-124 des irakischen, indischen und chinesischen Militärs blieben noch einige Jahre im Einsatz, wurden aber 1990 alle abgestellt, womit die 35-jährige Dienstzeit des sowjetischen Pionierflugzeugs zu Ende ging.

Die Tu-104 war der Klebstoff, der die weit voneinander entfernten Städte der Sowjetunion in wenigen Stunden miteinander verband, wo man vorher oft Tage unterwegs war. Bis zur Ausmusterung im Jahr 1980 hatte das Flugzeug 600.000 Flüge absolviert, zwei Millionen Stunden in der Luft verbracht und 100 Millionen Passagiere sowie Tausende von Tonnen Fracht befördert. Mit 201 produzierten Tu-104, 164 Tu-124 und vier Tu-110, insgesamt 369 Flugzeugen, war sie zweifellos auch ein kommerzieller Erfolg - eine beeindruckende Zahl, insbesondere für die damalige Zeit. Die Tu-104 verdient einen Platz in der Luftfahrtgeschichte, da sie das erste Düsenverkehrsflugzeug der Welt war, das einen sicheren und dauerhaften Passagiertransport ermöglichte.

Alexander Mischin

Tupolew Tu-134

Der kleine Kampfjet

Die Tupolew Tu-134 geht auf den Staatsbesuch des sowjetischen Ministerpräsidenten Nikita Chruschtschow in Frankreich im Januar 1960 zurück. Die Sowjetunion hatte mit der Tu-104, die als erstes Düsenflugzeug der Welt dauerhaft und erfolgreich im Einsatz war, Luftfahrtgeschichte geschrieben und mit ihrer kleineren und leichteren Schwester, der Tu-124, das erste Düsenflugzeug mit Turbofan-Antrieb. Chruschtschow war bei seinem Parisbesuch von der zweistrahligen Caravelle von Sud Aviation beeindruckt, die den Vorteil hatte, dass ihre beiden Rolls-Royce Avon-Triebwerke auf beiden Seiten am hinteren Teil des Rumpfes angebracht waren, wodurch die Passagierkabine fast völlig geräuschlos war, während die Triebwerke der Tu-104V, mit der er von und nach Frankreich flog, in der Flügelwurzel neben der Passagierkabine angebracht waren, was einen ziemlichen Lärm machte.

Nach seiner Rückkehr nach Moskau traf Chruschtschow mit Andrej Tupolew zusammen und bat ihn, mit der Arbeit an einem neuen Düsenflugzeug zu beginnen, das in etwa der Konfiguration der Caravelle entsprechen sollte. Der sowjetische Ministerrat erließ eine Direktive, in der das Tupolew Konstruktionsbüro angewiesen wurde, mit der Arbeit an einem neuen Kurzstrecken-Düsenverkehrsflugzeug zu beginnen, das eine Höchstgeschwindigkeit von 1.000 km/h und eine Reisegeschwindigkeit von 900 km/h, eine Dienstgipfelhöhe von 12.000 Metern, eine Reichweite von 1.500 Kilometern mit einer Treibstoffreserve von 30 Minuten und die Möglichkeit haben sollte, auf Landebahnen mit einer Länge von nur 800 Metern zu operieren.

Da der Rumpf vollständig von der damals noch nicht geflogenen Tu-124 übernommen wurde, erhielt die neue Konstruktion zunächst die Bezeichnung Tu-124A. Als Triebwerke wurden die bei der Tu-124 verwendeten Solowjow-D-20-Triebwerke gewählt, die jedoch am hinteren Rumpf angebracht wurden, was bedeutete, dass der Höhenleitwerksträger an die Spitze des Seitenleitwerks verlegt werden musste (die kreuzförmige Anordnung der Caravelle auf halber Höhe des Leitwerks wurde verworfen, da man davon ausging, dass die Positionierung des Höhenleitwerks so nahe an den Triebwerken aufgrund der Nähe zu den Schallwellen zu Ermüdung führen könnte). Dadurch, dass die Triebwerke nicht mehr Teil der Flügelkonstruktion waren, stand mehr Fläche für Hochauftriebsvorrichtungen wie z. B. Hinterkantenklappen zur Verfügung, was eine Neugestaltung des Flügels nach den neuesten aerodynamischen Erkenntnissen ermöglichte. Zu den weiteren Vorteilen der neuen Triebwerksanordnung gehörten verbesserte Betriebsbedingungen für die Triebwerke aufgrund kürzerer Einlasskanäle, geringere Schäden durch Fremdkörper und ein leichterer Zugang für Wartung und Triebwerkswechsel. Obwohl es bei den Tu-104 und -124 nie zu einem katastrophalen unkontrollierten Triebwerksausfall kam, bestand in einem solchen Fall nun nicht mehr die Gefahr, dass Bruchstücke in die Kabine gelangten. Vor allem aber wurde der Komfort für die Passagiere durch die geringeren Geräusche und Vibrationen erheblich verbessert.

Die neue Konfiguration brachte auch einige Nachteile mit sich, wie z. B. einen ungünstig nach hinten verlagerten Schwerpunkt, da sehr viel Gewicht sehr weit hinten angeordnet war.

In den Jahren 1961 und 1962 wurden Größe und Kapazität des Typs, der immer noch als Tu-124A bezeichnet wurde, schrittweise erhöht. Im Dezember 1962 wurde das bis dahin von Dimitri Markow geleitete Projekt von Leonid Seljakow übernommen, für den dieses Flugzeug zu seinem Lebenswerk wurde und der die Entwicklung und den aktiven Dienst der Tu-134 über die kommenden Jahrzehnte hinweg beaufsichtigte.

Der erste Prototyp erhielt die Bezeichnung CCCP-45075 und wurde in der ersten Jahreshälfte 1963 gebaut. Obwohl das Düsenzeitalter erst wenige Jahre alt war, hatte sich die Technologie bereits so weit entwickelt, dass es sich um einen neuen Typ und nicht nur um eine Variante handelte, und am 20. Februar wurde der Flugzeugtyp offiziell in Tu-134 umbenannt.

Der jüngste Spross des Tupolew Konstruktionsbüros war flügge geworden und hob am 29. Juli zum ersten Mal ab. Die Daten aus der Erprobungsphase des Herstellers (die im November 1964 endete) wurden genutzt, um Änderungen an der Konstruktion in den zweiten Prototyp, CCCP-45076, einzuarbeiten, der im Werk Nr. 135 in Charkow gebaut wurde und am 9. September 1964 vom Flugplatz Sokolnikowo aus erstmals flog. Eine der wichtigsten Anforderungen war mehr Schubkraft, und für die zweite Maschine wurden unerprobte D-20P-125-Triebwerke der Serie 5 verwendet.

Die Tu-134 wurde der Welt in Frankreich vorgestellt - auf der 25. Pariser Luftfahrtausstellung in Le Bourget. Die CCCP-45076 landete dort am 4. Mai 1965 und wurde von der internationalen Luftfahrtgemeinde freundlich empfangen. Anschließend ging es weiter nach Berlin, Warschau und Prag, um den potenziellen Käufern Interflug, LOT und CSA einen Besuch abzustatten.

Diese seltene Tu-134A, CCCP-65667, wurde in voller Aeroflot-Bemalung auf dem Pariser Aérosalon 1979 ausgestellt, blieb aber Zeit ihres Lebens ein Testflugzeug für das Tupolew Designbüro, bis sie 1999 verschrottet wurde. **Jacques Barbé**

Eine der frühen Tu-134, CCCP-65627. Sie wurde im Juni 1969 an Aeroflot ausgeliefert und hier im August 1973 in Brüssel fotografiert.
Jacques Barbé

Geschäftiges Vorfeld am Flughafen Kischinew.
Valentin Grebnew Transport-Photo Images

Diese Tu134, SP-LGB, wurde 1968 an LOT ausgeliefert und verunglückte am 23. Januar 1980 bei der Landung in Warschau, zum Glück ohne Todesopfer. Das Foto entstand am 17. Oktober 1970 in Paris Le Bourget.
Jacques Barbé

Die LZ-TUA war die erste Tu-134, die von Balkan in Dienst gestellt wurde. Sie verbrachte ihr ganzes Leben bei der bulgarischen Airline und wurde 1985 in Sofia verschrottet. Aufgenommen in Paris Orly im August 1979.
Jacques Barbé

Die Tu-134A DM-SCM flog von 1973 bis zu einem Landeunfall in Schönefeld fünf Jahre später für die Interflug. Das Foto entstand am Flughafen Basel. **Jacques Barbé**

Eine Tragödie ereignete sich am 14. Januar 1966, als die CCCP-45076 während eines Testflugs rund 30 Kilometer nordöstlich von Moskau abstürzte. Der verantwortliche Pilot schlug das Seitenruder bei hoher Geschwindigkeit um 25 Grad nach links aus, wodurch das Flugzeug bei hoher Geschwindigkeit außer Kontrolle geriet und in eine scharfe Abwärtskurve ging, die nicht mehr zu korrigieren war. Alle acht Personen an Bord kamen ums Leben. Der Unfall war nicht auf einen Fehler des Flugzeugs zurückzuführen, was für die Konstrukteure zwar eine Erleichterung darstellte, aber an der Tragödie nichts änderte.

Die erste Vorserienmaschine, die CCCP-65600, absolvierte ihren Erstflug am 14. August 1965 vom Werksflugplatz Sokolnikowo aus, gefolgt von der CCCP-65601 kurz darauf. Die dritte Vorserienmaschine, die CCCP-65603, verfügte über das Düsentriebwerk, das später die meisten Düsenflugzeuge der Sowjetunion antreiben sollte, das Solowjow D-30, und hob am 21. Juli 1966 in den ukrainischen Himmel ab.Der Prototyp G-ASHG der British Aircraft Corporation (BAC-111) stürzte während des Testflugprogramms am 22. Oktober 1963 ab, als er einen Strömungsabriss erlitt, eine spezielle Gefahr für alle Flugzeuge mit hohem T-Leitwerk, bei denen sich das Flugzeug bei einem hohen Anstellwinkel und niedriger Fluggeschwindigkeit, wenn es einmal in einen Strömungsabriss gerät, aufgrund der Tragflächenkonstruktion praktisch nicht mehr durch Herunterdrücken der Nase abfangen lässt.

Die Daten, die die britischen Behörden ungeachtet politischer Differenzen an Flugzeughersteller in der ganzen Welt weitergegeben haben, retteten zweifellos viele Leben. Nur wenige Jahre vorher handelte man genauso mit den Erkenntnissen über Metallermüdung nach den Comet-Abstürzen. Das Tupolew Konstruktionsbüro ließ diese grundlegenden neuen Erkenntnisse in die Konstruktion eines neuen, größeren und wirksameren Höhenleitwerks einfließen, dessen erstes Exemplar zusammen mit den D-30-Triebwerken in die CCCP-65600 nachgerüstet wurde;

Die Kabine einer Perm Airlines Tu-134A3, RA-65064, aufgenommen auf dem Flughafen Perm 2014. **Simon De Rudder**

Die CCCP-65090, im Januar 1978 an Aeroflot abgeliefert, flog nach ihrer Karriere dort noch 13 Jahre für Kaliningrad Avia und weitere sechs für Orenburg Airlines. 2011 wurde sie in Orenburg abgestellt. **B. Korzin** Transport-Photo Images

dieser verbesserte Prototyp hob am 26. Oktober 1966 erstmals ab. Mit diesen Konstruktionsänderungen konnte die Serienproduktion der Tu-134 im Werk Nr. 135 von Charkow beginnen.

Im Juni 1967 besuchte die CCCP-65610 die 26. Pariser Luftfahrtausstellung, zwei Jahre nach dem Debüt des Typs dort. Die Tu-134 wurde am 26. August 1967 von den Behörden zugelassen, und am selben Tag führte die CCCP-65600 einen Erprobungsflug von Moskau nach Murmansk mit 23 Passagieren an Bord durch.

Der erste kommerzielle Flug einer Tu-134 wurde von Aeroflot am 9. September von Moskau nach Sotschi am Schwarzen Meer durchgeführt. Da sie sehr zügig auch die Zulassung durch die Internationale Zivilluftfahrt-Organisation (ICAO) erhielt, konnte die Tu-134 praktisch sofort auf internationalen Flügen in europäische Hauptstädte eingesetzt werden (und verdrängte dabei zumeist die Propellermaschine Iljuschin Il-18); der erste internationale Flug des Musters führte am 9. September von Moskau nach Stockholm, am 14. September mit der CCCP-65606 von Kiew nach Wien und am 16. September von Moskau nach Belgrad. Am 2. Oktober führte die CCCP-65611 den ersten Tu-134-Flug nach Warschau durch, die CCCP-65606 flog nach Helsinki und CCCP-65610 wurde auf der Strecke nach Zürich eingesetzt.

Im Oktober schickte man die CCCP-65610 auf eine internationale Verkaufstour nach Japan. Am 21. Oktober landete sie in Tokio-Haneda und wurde Japan Airlines und All Nippon Airways vorgestellt. Wenig später ging es zu Vorführungsterminen bei Malev in Ungarn und CSA in der Tschechoslowakei.

Die Ehre, der erste Auslandskunde für das Flugzeug zu werden, fiel Balkan Bulgarian Airlines zu. Drei Tu-134 wurden kurz hintereinander nach Sofia geflogen. Den Anfang machte die LZ-TUA, gefolgt von der -TUB und -TUC, die noch in der Bemalung des Balkan-Vorgängers TABSO abgeliefert wurden. Ziel des Erstfluges am 11. November war London. Am 12. November, vor dem Rückflug nach Sofia, führte die LZ-TUA einen 90-minütigen Demonstrationsflug von London Heathrow aus durch, um den Medien den Komfort und die Attraktivität des modernen Düsenflugzeugs zu demonstrieren.

Die DDR-Fluglinie Interflug wurde die nächste, die den neuen Jet erhielt. Die DM-SCA traf im September 1968 in Berlin-Schönefeld ein, die -SCB und -SCD folgten in rascher Folge. Die drei Maschinen wurden für ein umfangreiches Trainingsprogramm genutzt, gefolgt von einem Demonstrationsflug am 29. Februar 1969 von Berlin nach Leipzig anlässlich der Leipziger Messe. Die Passagiere bestanden hauptsächlich aus Führungskräften von Fluggesellschaften und Reiseveranstaltern, darunter Spitzenleute von Aeroflot, CSA, TAROM, Sabena, British European Airways, SAS, TWA und Japan Air Lines. Der erste kommerzielle Flug einer Interflug Tu-134 startete am 2. April nach Beirut.

Ein weiterer früher Exportkunde war die jugoslawische Charterfluggesellschaft Aviogenex, die drei Tu-134 erhielt: die YU-AHH und -AHI im Jahr 1969, gefolgt von der YU-AHS im Frühjahr 1970. Doch trotz zahlreicher Aufträge von Aeroflot und ausländischen Fluggesellschaften, angesichts derer sich Tupolew bequem hätte zurücklehnen können, arbeitete man kontinuierlich an der Verbesserung der Konstruktion. Zu den ersten Modifikationen gehörten eine größere vordere Einstiegstür und, ein kleines Detail, der Austausch des rotierenden Antikollisionslichts durch eine hellere Blinkleuchte.

Die erste in einer langen Reihe umbenannter Varianten war die Tu-134K, eine Standard-Tu-134 mit einer VIP-Ausstattung (K für Komfort). Vier dieser Maschinen wurden von den sowjetischen Behörden für Regierungsflüge eingesetzt; vier gingen für denselben Zweck an die DDR, zwei an Ungarn, eine nach Bulgarien und eine an den Irak.

Die erste wirklich bedeutsame Verbesserung der Basisversion wurde die Tu-134A, die um 2,1 Meter verlängert wurde. Der größte Teil davon wurde verwendet, um den Gepäckraum im hinteren Hauptdeck zu vergrößern, der bei der frühen Tu-134 zu klein war. Zusätzlich konnte man eine weitere Sitzreihe einbauen.

Die Basisversion der Tu-134 wurde nach der Landung mit Hilfe eines Bremsfallschirms abgebremst,

Die YK-AYA wurde 1982 an Syrianair abgeliefert und ist hier in London Heathrow zu sehen. **Richard Vandervord**

Die Tu-134A VN-A104 verbrachte ihr gesamtes Leben von der Auslieferung 1979 bis zur Verschrottung 1996 bei Hang Khong Viet Nam (später Vietnam Airlines). **Christofer Witt**

Eine Tu-134A am Flughafen Kischinew. **Valentin Grebnew** Transport-Photo Images

der auf die Landebahn ausgeworfen wurde. Er musste dann erst von einer Bodencrew eingesammelt werden, ehe das nächste Flugzeug landen oder starten konnte. Stattdessen baute man in die Solowjow D-30 der Tu-134A Umkehrschub ein (die beiden Piloten hatten getrennte Drosselklappen; nur die des Kapitäns hatte die Möglichkeit, Umkehrschub zu geben).

Die Triebwerke der Tu-134 wurden mit elektrischer Energie aus der Batterie gestartet, während die verbesserte Tu-134A über Druckluftstarter verfügte, die das neue TA-8-Hilfstriebwerk (APU) nutzten, das an der Stelle im hinteren Rumpf eingebaut wurde, in dem sich auf der Basisversion der Bremsfallschirm befand. Dies trug auch zum Komfort der Passagiere am Boden an sehr heißen oder sehr kalten Tagen bei, da es eine Klimatisierung der Kabine ermöglichte. Zu den weiteren Modifikationen gehörten ein verbessertes Kraftstoffsystem, das die Reaktionszeit der Triebwerke auf Drosselbewegungen verkürzte, eine ausgefeiltere Kabinendruckregelung und eine SEUZ-1-Klappensynchronisation zur Vermeidung asymmetrischer Klappenausschläge. Der Prototyp der Tu-134A war die CCCP-65624, eine reguläre Tu-134, bei der die Rumpfstreckung nachträglich vorgenommen wurde.

Sie flog erstmals am 22. April (Lenins Geburtstag) 1969 und wurde am 25. Mai gemeinsam mit einer „normalen" Tu-134 als Sparringpartner auf dem Aérosalon in Paris ausgestellt, der so etwas wie die zweite Heimat der Tu-134 wurde. Die Streckenerprobung begann im Frühjahr 1970 mit den ersten Serienflugzeugen auf der stark frequentierten Strecke Moskau-Leningrad, und der erste kommerzielle Flug fand am 9. November statt. Die Tu-134A wurde mit über 400 gebauten Exemplaren (darunter über 180 VIP-Tu-134AK) zur meistproduzierten Variante.

Es wurden immer wieder kleine und große Verbesserungen vorgenommen. Die Tu-134 Basisversion und die frühen Tu-134A wurden mit einem großen Spoiler ausgestattet, der unter dem Flügelkasten nach unten ragte und ein Sinkflugprofil von bis zu neun Grad ermöglichte. Mit dem zunehmenden Einsatz von ILS-Landesystemen, die standardmäßig einen Anflugpfad von drei Grad vorsahen, wurde der Bauchspoiler ab März 1978 abgeschafft (die CCCP-65112 war die erste Maschine, die ohne ihn gebaut wurde), bei den übrigen Tu-134 wurde die Spoilerklappe permanent verriegelt. Gleichzeitig wurde der Klappenausschlag an den Tragflächen von 38 auf 30 Grad begrenzt, um die auf die Klappenantriebsschrauben wirkenden Kräfte zu verringern und den Lärmpegel zu senken. Die Piloten beschwerten sich anfangs über diese Veränderungen - es hieß, dass das Flugzeug mit ausgefahrenem Bauchspoiler und voll ausgefahrenen Klappen quasi von selbst landen würde.

Die frühen Tu-134, einschließlich der A-Modelle, waren mit einer Glasnase für den Navigator und einem Radar unter dem Rumpf ausgestattet. Auf den Wunsch ausländischer Betreiber hin entwickelte Tupolew jedoch ein Cockpit für drei Besatzungsmitglieder mit einem moderneren Wetterradar in der Nase, die nun undurchsichtig war. Der Prototyp der modifizierten Version war die YU-AHX, die erste mehrerer von Aviogenex bestellten Maschinen, die nach der Flugerprobung im März 1971 ausgeliefert wurde. Aufgrund der Rolle von Aviogenex bei der Entwicklung dieser Weiterentwicklung wurden die Tu-134A mit Radarnase im Ostblock oft als „jugoslawische Version" bezeichnet, korrekter wäre die Bezeichnung Tu-134A-1. Sie hatten auch größere hintere Notausgänge, um den Anforderungen der britischen Luftfahrtbehörde zu entsprechen, die auf dieser Änderung bestanden, da Aviogenex viele Flüge von und nach Großbritannien durchführte. Es gab noch andere Weiterentwicklungen: Die Tu-134A-3 war im Grunde eine Tu-134A-1 mit verbesserten D-30-Triebwerken (D-30-III), obwohl einige Maschinen, die als A-3 vorgesehen waren, aufgrund von Produktionsproblemen mit den neuesten Solowjow-Triebwerken zu A-1-Maschinen herabgestuft wurden. Ein ziemlicher Variantensalat!

In aller Regel boten sowjetische Flugzeuge ein eher nüchternes Passagiererlebnis. Um mit den westlichen Flugzeugherstellern mithalten zu können, wurde 1971 in einigen Tu-134 der Einbau von zehn

Die YL-LBA verbrachte die 1980er Jahre bei Aeroflot, in den 1990ern kam sie zu Latavio und wurde ab Riga eingesetzt, bevor sie ihre letzten 15 Jahre bei der russischen Alrosa verbrachte.
Guy Van Herbruggen

Die Tyumen Airlines Tu-134A RA-65038 ist hier die erste in einer ganzen Reihe von Tu-134. Sie wurde ursprünglich 1976 an Aeroflot ausgeliefert. **Richard Vandervord**

Cockpit einer Tu-134. **Alex Beltjukow**

Die 1980 gebaute Tu-134 RA-65579 in der bunten Bemalung von Daghestan Airlines. **Richard Vandervord**

Diese Tu-134 wurde 1981 als B-1 gebaut und flog eine Weile für das Tupolew Designbüro. Später wurde sie zu einer B-3 umgerüstet. Hier ist sie, vermietet an die georgische National Airlines, als UR-BYY zu sehen. **Richard Vandervord**

Die Tu-134AK D2-ECC flog von 1977 bis mindestens Juli 2006 für die angolanische Regierung, möglicherweise sogar bis Oktober 2014. Darüber gibt es unterschiedliche Meinungen. **Richard Vandervord**

klobigen Fernsehgeräten an der Kabinendecke erprobt. Man kam jedoch schnell zu dem Schluss, dass große Fernsehgeräte, die bei einer Bruchlandung umherfliegen, einen ansonsten überlebbaren Unfall schnell in einen tödlichen verwandeln könnten und es blieb bei einem kurzlebigen Testlauf.

Eine ausgefeiltere Ergänzung war das automatische Landesystem ABSU-134, das Landungen nach ICAO-Kat. II mit einer Entscheidungshöhe von 330 Fuß (100 Metern) und einer Sichtweite von 1.300 Fuß (400 Metern) ermöglichte. Das neue System wurde am 20. März 1976 zertifiziert und ab Ende Juli 1977 serienmäßig in alle Tu-134 eingebaut, beginnend mit der Tu-134AK CCCP-65073.

Vor allem die Interflug forderte aufgrund des für Berlin typischen schlechten Winterwetters mit niedrig hängenden Wolken und Nebel weitere Verbesserungen beim automatischen Landesystem. Die DM-SCM wurde mit einem BSU-3P-Autolande-System ausgestattet, das durch den Austausch einiger Module des Avioniksystems verbessert wurde und eine geringere Entscheidungshöhe von 150 Fuß (45 Metern) und eine geringere Sichtweite von 1.300 Fuß (400 Metern) ermöglichte. Das Flugzeug stürzte jedoch am 22. November 1977 auf dem Flughafen Berlin-Schönefeld ab, als sich der Autopilot nicht abschalten ließ, was zu einer übermäßigen Sinkgeschwindigkeit von sieben Metern pro Sekunde (fast 1.400 Fuß pro Minute) führte. Der linke Flügel und das Fahrwerk wurden abgerissen, der Rumpf schlidderte nach dem Aufsetzen noch rund 400 Meter weit, es kam aber glücklicherweise keiner der 74 Insassen ums Leben.

Die ersten Jahre des Tu-134-Betriebs zeichneten sich durch eine recht gute Sicherheitsbilanz aus, die aerodynamischen Macken des Tu-104-Flügels waren ausgebügelt worden. Getrübt wurde das Ganze dennoch durch einige Abstürze, die allesamt durch Pilotenfehler verursacht wurden. Am 23. Mai 1971 stürzte die YU-AHZ von Aviogenex bei der Landung in Rijeka nach einem Flug von London Gatwick aufgrund einer zu steilen Sinkrate ab, es überlebte nur die vierköpfige Cockpitbesatzung und ein Passagier. Am 16. September desselben Jahres stürzte die HA-LBD von Malev nach zwei Fehlanflügen

Eis auf der Fensterscheibe während eines Alrosa Fluges von Irkutsk nach Mirny im Januar 2018. **Simon De Rudder**

Die Sirius Aero Tu-134B-3 RA-65700 wurde ursprünglich 1983 an die Luftstreitkräfte der UdSSR ausgeliefert. **Artjom Kuschlew**

bei der Landung in Kiew ab, wobei ein elektrischer Defekt für zusätzliche Komplikationen sorgte und alle 49 Menschen an Bord ums Leben kamen. Am 1. September 1975 verunfallte die DM-SCD der Interflug, nachdem sie zu tief und zu langsam angeflogen war, und kurz vor dem Aufsetzen eine Antenne touchierte. 27 der 34 Insassen kamen ums Leben. Am 21. September 1977 verlor die Malev eine weitere Tu-134, die HA-LBC, bei einem durch Pilotenfehler verursachten Landeunfall, diesmal in Bukarest. Von 29 Menschen an Bord überlebten 24.

Trotz der relativ hohen Anzahl an Unfällen waren diese hier nicht auf das Flugzeug oder die sowjetische Luftfahrtindustrie per se zurückzuführen, zumindest nicht nach den Maßstäben der damaligen Zeit. Die Fluggesellschaften im Westen hatten eine ähnlich hohe Verlustrate - Pan Am beispielsweise hatte zwischen Dezember 1968 und April 1974 vier tödliche 707-Abstürze zu verkraften, bei denen 333 Menschen ums Leben kamen; drei davon ereigneten sich innerhalb von drei Monaten. Die Navigationshilfen am Boden, Verfahren

Marsland Airlines aus dem Sudan operierte die ST-MRS immerhin für acht Jahre, bevor das Flugzeug 2003 an die Dove Air weitergereicht wurde, einen sudanesischen Mitbewerber. **Richard Vandervord**

Die P-814 war eine von zwei Tu-134B-3 die an den nordkoreanischen Flagcarrier ausgeliefert wurden. **Bernie Leighton**

Die Meridian Air Tu-134B-3 RA-65737 wurde ursprünglich 1982 an die Luftstreitkräfte der UdSSR ausgeliefert. **Artjom Kuschlew**

im Cockpit und die Hardware, auch wenn sie für die damalige Zeit auf dem neuesten Stand waren, waren einfach noch nicht so entwickelt wie in der heutigen Zeit, wo schwere Unfälle trotz des massiven Anstiegs des Verkehrsaufkommens viel seltener wurden.

Die nächste Variante Tu-134B bedeutete einen ziemlichen Sprung in der Ausstattung des Cockpits: es gab nun ein zentrales Steuerungspanel zwischen den beiden Piloten, wo zuvor eine Lücke war, durch die sich der Navigator in seine Glasnase zwängen musste. Diese Konsole wurde für Gashebel, Klappen- und Spoilersteuerung und Funkgeräte verwendet. Die Zahl der Passagiere wurde auf 80 erhöht, indem der vordere Gepäckraum verkleinert und die Bordgalley verkleinert wurde. Aufblasbare Notausstiegsrutschen ersetzten solche aus Segeltuch.

Der Prototyp der Tu-134B, die CCCP-65146, wurde Ende 1979 fertiggestellt und ging am 31. März 1980 in die Flugerprobung. Das erste Serienflugzeug, die CCCP-65799, folgte am 30. April, und es wurden 32 weitere gebaut, plus 14 Exemplare der VIP-Version mit der Bezeichnung Tu-134B-3, von denen einige nach Bulgarien (zwei), Vietnam und Syrien (jeweils drei) exportiert wurden. Im April 1983 wurde eine weitere Variante mit erhöhter Kapazität in Angriff genommen: die ersten 16 Reihen waren in einer sehr engen 2-3-Anordnung mit fünf Sitzen nebeneinander bestuhlt, wobei die drei Reihen im hinteren Teil der Kabine die frühere 2-2-Anordnung aufwiesen. Auf Wunsch von Aeroflot wurde der Navigationsplatz mit einer verglasten Nase wieder eingeführt, die größeren Ausgänge der Tu-134A-1 wurden jedoch beibehalten. Obwohl die engere Bestuhlung die Betriebskosten um 18 % senkte, erachtete man die Komforteinbußen für die Passagiere als zu hoch und das Projekt wurde aufgegeben.

Die Tu-134 erwies sich als außerordentlich vielseitige Plattform für fast alle Aufgaben, die in einem

Riesenland anfallen, das sich über 11 Zeitzonen erstreckt und ein Sechstel der Landfläche der Erde bedeckt. Eine dieser Aufgaben war die Überwachung und Vermessung landwirtschaftlicher Flächen, wofür die speziell ausgerüstete Tu-134SKh-Variante entwickelt wurde. Alle neun Maschinen, die zunächst in Woronesch stationiert waren, basierten auf der Tu-134A-3 und wurden am 28. September 1984 nach einem einjährigen Erprobungsprogramm mit der CCCP-65917 in Dienst gestellt, um die Bodenfeuchtigkeit zu messen, Schädlinge aufzuspüren oder die Ernteerträge zu messen. Die Kabine war mit Messgeräten ausgestattet, das wichtigste äußere Merkmal waren zwei große Antennen unter den Flügeln, die ein seitlich ausgerichtetes Radar beherbergten. Weitere Einsatzgebiete der Tu-134SKh waren die Öl- und Gasförderung, die Fischerei in Kamtschatka, die Eisaufklärung in der Arktis, die Inspektion der Forstwirtschaft und die Suche nach Erzen.

Zu den speziellen Einsätzen, an denen die Tu-134SKh beteiligt war, gehörten die Aral-88-Expedition, bei der der rapide schrumpfende (und inzwischen fast völlig verschwundene) Aralsee untersucht wurde. 1989 wurden die Schäden eines Erdbebens in Armenien erfasst, wobei potenzielle Erdrutschgebiete und beschädigte Bewässerungsanlagen aufgespürt wurden, die bei einem Bruch Überschwemmungen verursachen könnten. 1990 wurden mithilfe des Flugzeugs Umweltschäden in der Umgebung von Leningrad analysiert, die durch ein Staudammprojekt verursacht wurden.

Das Militär erkannte den Wert der Tu-134 schon früh, und die Tu-134Sh, NATO-Codename Crusty-A, war ein Navigationstrainer, der bereits im Januar 1971 erstmals zum Einsatz kam. Die ersten Exemplare wurden als Tu-134Sh-1 bezeichnet. Im Inneren befanden sich zwölf Arbeitsplätze für angehende Navigatoren, die zum Fliegen strategischer Bomber wie der Tupolev Tu-22 ausgebildet wurden. Die Tu-134Sh-2 folgte im Januar 1972 und wurde zur Ausbildung von Navigatoren für taktische Bomber wie die Jakowlew Jak-28 und die Suchoi Su-24 eingesetzt. Einige Tu-134Sh wurden später zu VIP-Flugzeugen für die Marine umgebaut, und eine wurde für den Transport von Kosmonauten zwischen dem Luftwaffenstützpunkt Tschkalowskaja und dem Raumfahrtzentrum Baikonur eingesetzt.

Dann gab es noch einen Kosmonautentrainer, die Tu-134LK, die im Mai 1980 ihren Dienst antrat. Sie dienten der Ausbildung sowjetischer und ausländischer Kosmonauten, die Missionen zu den Raumstationen Saljut-6, Saljut-7 und Mir flogen. 1983 folgte mit der Tu-134IK, die für das sowjetische Verteidigungsministerium gebaut wurde und mit zahlreichen Antennen bestückt war, ein Unikat.

Die markanteste militärische Variante war die Tu-134UBL, die von der NATO als Crusty-B bezeichnet wurde. Sie diente als Trainer für die Tu-160 Blackjack sowie für die Bomber Tu-22M2 und M3. Die Bomber hatten aufgrund der Empfindlichkeit ihrer Triebwerke eine recht begrenzte Lebensdauer, doch die Tu-134 hatte ein ganz ähnliches Schub-Gewichts-Verhältnis und Flugverhalten bei niedrigen Geschwindigkeiten. Außerdem gab es keine spezielle Trainerversion dieser Bomber, so dass die Tu-134B mit einer sehr langen, spitzen Nase ausgestattet wurde, die das Flugzeug um 4,7 Meter verlängerte und von der Tu-22 übernommen wurde. Die Cockpit wurde modifiziert um dem der Tu-22M möglichst ähnlich zu sein. In der vorderen Passagierkabine wurden drei Reihen Passagiersitze installiert, auf denen 12 Flugschüler sitzen und auf einen Einsatz im Cockpit hoffen durften... Es wurden standardmäßig Fallschirme beladen und die hintere Frachttür verfügte über einen starken pneumatischen Arm, der sie während des Fluges öffnen konnte, um der Besatzung im Notfall auch während des Fluges den Ausstieg zu ermöglichen.

Der erste Tu-134UBL-Prototyp war die CCCP-64010 und wurde im Januar 1981 hergestellt. Bis zum Sommer wurde auch die auffällige Nase für den Einsatz freigegeben. Die Erprobung eines zweiten Prototyps, der CCCP-64020, umfasste Trudeltests mit einem Notschirm, der an einem hinter dem Leitwerk ausgefahrenen Arm befestigt war. Die ersten Auslieferungen erfolgten im April 1981 an die Luftwaffenbasis Engels-2 in der Nähe von Saratow. Bis zum Produktionsende der Tu-134 im Jahr 1983 wurden 90 Maschinen gebaut, davon 35 allein im Jahr 1982. Die meisten wurden für die Pilotenausbildung oder als Waffensystemtrainer und Avionikprüfstand eingesetzt. Ein einziges Exemplar wurde von der Marine verwendet und als Tu-134UBK bezeichnet.

Die letzten Exemplare der Tu-134 wurden im September 1984 ausgeliefert, zumeist Tu-134AK VIP-Maschinen, dazu einige letzte Tu-134B für Exportkunden wie Air Koryo, Syrianair und Vietnam Airlines. Danach wurden noch fünf Jahre lang Maschinen auf Bestellung gefertigt. Die letzte Maschine in Passagierkonfiguration war die Tu-134AK mit der Registrierung XU-102, die am 15. Dezember 1986 in Charkow vom Band lief. Die letzte Maschine überhaupt war die Tu-104SKh mit der Kennung CCCP-65723 am 30. Juni 1989. Insgesamt wurden 852 Maschinen plus zwei Prototypen produziert, eine beeindruckende Zahl (und die Tu-134 wurde auch ein ziemlicher Exportschlager!).

Mit dem Zerfall der Sowjetunion entstanden viele neue nationale Fluggesellschaften, die die vorhandene Ausrüstung nutzten. Und vor allem in Russland etablierten sich Dutzende von unabhängigen, oft winzigen privaten Airlines. Hunderte von Tu-134 der Aeroflot wurden in aller Eile in die Farben der neuen Betreiber umlackiert, oft ein wichtiges Symbol für die neugewonnene Unabhängigkeit. Die gesamten 90er Jahre hindurch blieb die Tu-134 ein fester Bestandteil des Streckennetzes in der ganzen Region. Unzählige neue Bemalungen hielten Einzug, oft wurden die Aeroflot-Titel nur provisorisch überpinselt, aber oft genug entstanden phantasievolle Bemalungen und ansprechende Marken, die Passagiere anlocken sollten, ihre neugewonnene Reisefreiheit zu genießen. Nicht wenige Tu-134 landeten

Eine Regierungs-Tu134A-3, RA-65911, wird vor einem Trainingsflug auf dem Moskauer Flughafen Wnukowo geschleppt. Aufgenommen im Juli 2016.
Simon De Rudder

als Gebrauchtflieger in exotischen Gefilden wie bei Harka Air in Nigeria oder Marsland im Sudan.

Die Sicherheitsbilanz des Typs blieb auch in der postsowjetischen Ära gut. Dennoch war es ein Unfall, der die Karriere der Tu-134 bei Aeroflot beendete, als Flug 671 der UTAir am 17. März 2007 bei der Landung in Samara abstürzte. Obwohl ein Pilotenfehler die Ursache war, sah die nationale russische Fluggesellschaft den Unfall als Zeichen dafür, dass die Zeit des in die Jahre gekommenen Arbeitspferdes abgelaufen war, und führte am 1. Januar 2008 ihren letzten Flug mit einer Tu-134 durch.

Am 20. Juni 2011 landete RusAir-Flug 9605 bei dichtem Nebel irrtümlich auf einer Straße, dabei kamen 47 Passagiere und Besatzungsmitglieder ums Leben. Wieder war es nicht die Schuld des Flugzeuges aber die russischen Behörden ordneten an, dass alle Tu-134 bis zum Ende des Jahres aus dem kommerziellen Betrieb genommen werden sollten.

Heute fliegen noch eine Handvoll Tu-134 - Air Koryo hat beide 1984 gebauten Maschinen noch im Einsatz, meist auf kurzen Inlandsflügen innerhalb Nordkoreas. Mehr als 50 Jahre nach dem Erstflug des Prototyps fliegt eine Handvoll wohl noch heute als Passagierflugzeug, vor allem in der VIP-Version oder beim Militär und die Tu-134UBL-Trainer mit den langen Nasen sind so fleißig wie eh und je.

Der nicht zu übersehende „Fingerabdruck“ einer Tu-134 im letzten Abendlicht. **Artjom Kuschlew**

B. Kozin Transport-Photo Images

Iljuschin Il-62
Das Flaggschiff

Die Sowjetunion verfügte über ein leistungsstarkes Düsenflugzeug (die Tu-104) und ein echtes Langstreckenflugzeug (die Tu-114 mit ihren gigantischen Propellern), aber erst die Il-62 vereinigte beides und brachte die entlegensten Winkel des Reiches und der Welt mit Düsengeschwindigkeit in Reichweite.

Die Geschichte von Russlands erstem Langstreckenflugzeug beginnt im vorletzten Jahrhundert mit der Geburt des Flugzeugkonstrukteurs Sergej Wladimirowitsch Iljuschin am 30. März 1894 in der Oblast Wologda im Nordosten Russlands. Nach seiner Ausbildung zum Piloten in der zaristischen Armee im Jahr 1917 und als Flugzeugtechniker in der Roten Armee nach der Revolution wurde seine Zukunft als einer der berühmtesten Flugzeugkonstrukteure der Welt wahrscheinlich Ende 1919 besiegelt, als ein britisches Kampfflugzeug vom Typ Avro 504 in der Nähe von Petrosawodsk abstürzte - er gehörte zu dem Team, das das Flugzeug zerlegte und nach Moskau transportierte, um es zum sowjetischen Trainer U-1 umzubauen, von dem am Ende 707 Exemplare gebaut wurden. 1921 wurde Iljuschin Mitglied der Militärakademie für Ingenieure der Luftstreitkräfte und 1926 des Wissenschaftlich-Technischen Komitees der Luftwaffe. Ab 1931 arbeitete er als Flugzeugkonstrukteur beim ZAGI (Zentrales Aerohydrodynamisches Institut) und wurde 1933 Chefkonstrukteur im ZKB (Zentrales Konstruktionsbüro), das 1936 zum OKB (Experimentelles Konstruktionsbüro) Iljuschin wurde.

Das erste vom Iljuschin Konstruktionsbüro konstruierte Serienflugzeug war das Schlachtflugzeug Il-2, das damals mit 36.183 gebauten Flugzeugen das meistproduzierte Flugzeug aller Zeiten war (einschließlich der Entwicklung der Il-10 stieg die Zahl auf sagenhafte 42.330). Nach dem 2. Weltkrieg konzentrierte man sich auf die zivile Luftfahrt - zwischen 1950 und 1959 verzehnfachte sich der Inlandsflugverkehr in der Sowjetunion. Das Iljuschin-OKB stand dabei an vorderster Front: 1950 flogen die ersten von 2.011 Il-12- und Il-14-Propellermaschinen, 1957 folgte die viermotorige Langstrecken-Turbopropmaschine Iljuschin Il-18. Die Tupolew Tu-104 leistete auf kürzeren Strecken von zwei bis drei Stunden großartige Arbeit, aber für die langen Distanzen im Land brauchte die Sowjetunion eine echte Langstreckenmaschine. Im Februar 1960 legte Sergej Iljuschin dem sowjetischen Ministerrat einen Vorschlag für ein viermotoriges Passagierflugzeug vor, der am 18. Juni offiziell genehmigt wurde. Gleichzeitig wurde das auf Flugzeugtriebwerke spezialisierte Konstruktionsbüro Kusnezow mit der Entwicklung des späteren NK-8-Turbotriebwerks beauftragt.

Die paarweise Anordnung der Triebwerke am hinteren Rumpf wurde im Westen später oft als Kopie des Designs der in Großbritannien hergestellten Vickers VC-10 verrissen. Tatsächlich wurde die Konfiguration von ZAGI diktiert, da das Iljuschin Konstruktionsbüro nicht über die Ressourcen verfügte, sich mit langwierigen Konfigurationsstudien zu befassen. Die Anordnung der Triebwerke am hinteren Rumpf wurde also gewissermaßen als gegeben hingenommen. (Tatsächlich wurden Triebwerke, die unter die Tragflächen montiert wurden, von den sowjetischen Flugzeugbauern erstmals beim Großraumflugzeugs Iljuschin Il-86 im Jahr 1980 verwendet).

Die Anordnung der Triebwerke am Heck des Flugzeuges hatte einige Vorteile, aus Passagiersicht in erster Linie den, dass es in der Passagierkabine sehr leise war. Die Tragflächen konnten aerodynamisch optimiert werden, da keine Triebwerke im Weg waren und das Seitenruder konnte relativ klein bleiben, da es bei einem Triebwerksausfall keinen asymmetrischen Schub ausgleichen musste.

Ein weiteres bemerkenswertes Designelement der Il-62 ist der charakteristische „Sägezahn" in der Vorderkante des Flügels, der hinzugefügt wurde, um bei niedrigen Geschwindigkeiten einen starken Wirbel über dem Flügel zu erzeugen, der die turbulente Luftströmung eines sich anbahnenden aerodynamischen Strömungsabrisses lokalisiert und den Außenflügel mit hohem Auftrieb schützt. Die Flugsteuerung war mit einem „Stick Shaker" ausgestattet, der vor einem drohenden Strömungsabriss warnte, sowie mit einem „Stick Pusher", der die Steuersäule physisch nach vorne drückte, wenn das Flugzeug einen vollständigen Strömungsabriss erreichte.

Das Höhenleitwerk ist für die Größe des Flugzeugs und die daraus resultierende aerodynamische Belastung sehr klein. Dadurch wird der Luftwiderstand im Reiseflug erheblich reduziert (und das Strukturgewicht etwas verringert), der Flügel liegt deshalb etwas weiter vorne. Dies ist im Flug unproblematisch, kann aber bei bestimmten Beladungszuständen dazu führen, dass der Schwerpunkt hinter dem Hauptfahrwerk liegt. Und das wiederum führte zu einem weiteren Markenzeichen der Il-62: dem Stützrad, das ausgefahren wird, wenn das Flugzeug geparkt ist. Bei ausgefahrenem Stützrad kann das Be- und Entladen in beliebiger Reihenfolge erfolgen, ohne dass die Gefahr besteht, dass das Flugzeug nach hinten kippt.

Der Prototyp mit der Registrierung CCCP-06156 rollte am 19. September 1962 auf dem Flugplatz Chodinka in Moskau erstmals mit eigener Kraft. Als Triebwerke wurden zunächst Ljulka AL-7-Turbotriebwerke verwendet, da das Kusnezow NK-8 noch nicht einsatzbereit war.

Il-62 auf dem Pariser Aérosalon 1973. **Piergiuliano Chesi**

Am 24. September wurde das Flugzeug den höchsten Vertretern des Landes, darunter Generalsekretär Nikita Chruschtschow, feierlich vorgestellt. Danach wurde die Maschine demontiert per Straße nach Schukowski, südöstlich der Hauptstadt, transportiert, wo sich das ZAGI sowie das wichtigste Forschungs- und Entwicklungszentrum der Sowjetunion für die Luft- und Raumfahrt befand. Dort wurde sie für die Flugerprobung wieder zusammengesetzt. Am 19. Dezember wurden die Hochgeschwindigkeits-Rolltests wieder aufgenommen, und das Flugzeug hob sogar einige Male für ein paar Sekunden kurz ab. Der Erstflug der Il-62 am 2. Januar 1963 dauerte nur 34 Minuten und war ein voller Erfolg. Ein zweiter Prototyp, die CCCP-06153, wurde per LKW nach Schukowski transportiert und flog nach dem Zusammenbau am 24. April, angetrieben von den neuen Kusnezow NK-8 Triebwerken, zum ersten Mal.

Das Il-62-Testprogramm erlitt einen schweren Schlag, als die CCCP-06156 am 25. Februar 1965 beim Start zu ihrem 127. Flug abstürzte, der nach Taschkent und Aschgabat hätte führen sollen. Der Start erfolgte mit maximalem Startgewicht und gleichzeitig niedriger Geschwindigkeit, die Nase wurde zum Abheben stark hochgezogen, das Flugzeug kam jedoch nicht höher in die Lüfte als ein paar Meter, sackte dann ab und kollidierte mit einem Betonzaun, schlug auf dem Boden auf und ging in Flammen auf.

Bei dem Unfall kamen zehn der 17 Männer an Bord ums Leben. Unbeeindruckt von diesem Unfall wurde ein dritter Prototyp, die CCCP-06176, nach Schukowski gebracht, wo er am 28. Juli seinen Erstflug absolvierte. Die Serienproduktion begann kurz danach in der Flugzeugfabrik Nummer 22 in Kasan. Die CCCP-06170 und -06300 wurden die ersten beiden Serienflugzeuge und schlossen sich dem Testprogramm mit Streckenerprobungsflügen an. Am 11. Mai wurde ein zehnstündiger Flug über eine Distanz von 8.050 km durchgeführt und am 9. Juli wurde das neue Flaggschiff der Sowjetunion bei einer Flugschau auf dem Moskauer Flughafen Domodedowo der Öffentlichkeit vorgestellt. Am 11. Juli startete eine weitere in Kasan gebaute Maschine, die CCCP-86666, von Moskau aus zu einem Testflug, der über Murmansk, den Nordpol und Swerdlowsk (das heutige Jekaterinburg) nach einer Strecke von 8.940 km und einer Flugzeit von zehn Stunden wieder in Moskau landete.

Die CCCP-86661 war das erste Serienflugzeug, das in eine nomale Linienkonfiguration umgerüstet und und an die Aeroflot-Basis in Krasnojarsk übergeben wurde. Der erste kommerzielle Flug der Il-62 fand am 8. September 1967 auf der Rennstrecke von Moskau in die kasachische Republikhauptstadt Alma Ata (heute Almaty) statt. Nur eine Woche später feierte die Il-62 ihr internationales Debüt auf der Transatlantikroute nach Montreal. Das umfangreiche Testprogramm hatte sich gelohnt!

Der erste Exportkunde für die Il-62 war wieder mal die tschechoslowakische CSA, die ihre erste Maschine, die OK-YBA, am 29. Oktober 1969 erhielt, gefolgt von der -YBB am 28. November. Die beiden Flugzeuge kamen auf Flügen nach Moskau und einer Mammutstrecke von Prag über Damaskus, Karatschi und Rangun (heute Yangon) nach Jakarta zum Einsatz.

Interflug war die zweite Auslandsairline, die die Il-62 in Dienst stellte. Am 22. April 1970, dem 100.

Vier Interflug Il-62M in Berlin Schönefeld. IF 810

„Klassische“ Il-62 CCCP-86680 beim Rollen auf dem Flughafen Le Bourget am 13. Mai 1970. **Jacques Barbé**

Ein Paar Il-62 im Hangar in Domodedowo in den 1970er Jahren. **Valentin Grebnew** Transport-Photo Images

Geburtstag Lenins, landete die DM-SEA erstmals in Berlin-Schönefeld. Wenig später wurde der Flugbetrieb auf Strecken nach Moskau und in den Nahen Osten (Bagdad, Damaskus, Kairo) aufgenommen. Später folgten Dubai, Taschkent, Havanna, Hanoi, Lagos, Luanda, Karatschi, Maputo und Singapur. Auch auf innereuropäischen Rennstrecken wie nach Amsterdam, Athen oder Prag kam die Il-62 regelmäßig zum Einsatz.

Weitere Exportkunden wurden 1971 die CAAC (Civil Aviation Administration Of China) und United Arab Airlines / Egyptair, 1972 die rumänische TAROM und Cubana sowie 1973 die polnische LOT. Sowohl Air France als auch Japan Air Lines mieteten beide zeitweise Il-62 von Aeroflot im Wet-Lease für Flüge nach Russland und Japan. Die Flugzeuge trugen Aeroflot-Farben mit den Aufschriften beider Airlines.

Bei allen Airlines kamen die Il-62 hauptsächlich auf Langstrecken zum Einsatz - ihre Paradedisziplin. LOT setzte ihre Maschinen im Transatlantikverkehr von Warschau nach New York, Toronto und Chicago ein, um die große polnische Diaspora dort mit der Heimat zu verbinden, während TAROM ihre Maschinen zunächst auf kürzeren Strecken einsetzte, sie aber schließlich doch über den Atlantik nach New York und Chicago schickte, mit einem Zwischenstopp in Amsterdam.

Ein Änderungsvorschlag zur Verbesserung der Reichweite wurde als Il-62D (D für „Dalny" = „fern") bezeichnet, bei dem der hintere Teil des Hauptdecks für die Installation zusätzlicher Treibstofftanks genutzt werden sollte. Sergej Iljuschin war der Ansicht, dass dies weder für die Sicherheit noch für die Effizienz ideal sei, und arbeitete stattdessen an der Il-62M (M für „modifizirowany" = „modifiziert"). Die wichtigste Verbesserung war die Verwendung von effizienteren Solowjow D-30-Triebwerken.

Nachdem 94 Standard-Il-62 ausgeliefert worden waren, wurde die Produktion komplett auf die Il-62M umgestellt. Das erste Exemplar, die CCCP-86656, startete am 15. April 1972 erstmals. Die Flugerprobung war umfangreich und umfasste sogar eine Reise nach Südamerika, um die Leistung des Flugzeugs auf heißen und hohen Flugplätzen zu testen. Der Zulassungsprozess war im November 1973 abgeschlossen, am 8. Januar 1974 wurde die Maschine erstmals von Aeroflot in Dienst gestellt.

Die meisten Fluggesellschaften, die die ursprüngliche Il-62 betrieben hatten, übernahmen die M-Version, meist im Rahmen einer Flottenmodernisierung im Verhältnis eins zu eins. Auch drei neue Exportkunden wurden gefunden - TAAG Angola (zwei Flugzeuge wurden geliefert, D2-TIF und -TIG), DETA Mozambique (ein Flugzeug, registriert als C9-BAE) und Choson Minhang (heute Air Koryo) aus Nordkorea, die vier Passagierflugzeuge und ein Salonflugzeug für den Geliebten Führer übernahm.

Nach dem Erfolg der Il-62M wurden einige weitere Varianten in sehr geringen Stückzahlen produziert, wie die Il-62MK, eine Version mit kürzerer Reichweite, die für den Hochfrequenz-Kurzstreckenbetrieb bestimmt war (sechzehn gingen an Aeroflot und zwei an Interflug), und die Il-62MU, die in einer Kombiversion betrieben wurde (von ihr gab es nur ein Exemplar, die RA-86586, die von der werkseigenen Fluggesellschaft KAPO Avia betrieben wurde). Die Il-62M-250 war eine gestreckte Variante mit einer zusätzlichen Länge von 6,8 Metern (22 Fuß und 3

Zoll), die jedoch nie über den Zeichentisch der Ingenieure hinauskam.

Während die Il-62 eine ausgezeichnete Sicherheitsbilanz mit nur einer Handvoll tödlicher Unfälle aufwies, traf es die polnische LOT gleich zweimal: bei zwei sehr ähnlichen Unfällen im Abstand von sieben Jahren gingen Il-62 verloren. Die SP-LAA, die erste an die LOT ausgelieferte Maschine, befand sich als Flug LO 007 am Morgen des 14. März 1980 nach einem Nachtflug aus New York im Landeanflug auf Warschau, als sie aufgrund einer ausgefallenen Fahrwerkskontrollleuchte sicherheitshalber durchstartete, um den Status des Fahrwerks zu überprüfen. Bei voller Leistung explodierte das zweite Triebwerk, die Steuerleitungen zum Heck wurden dabei durchtrennt und die Maschine ging in einen unkontrollierbaren Sinkflug, der Augenblicke später mit dem Aufprall außerhalb des Flughafengeländes endete, bei dem alle 87 Menschen an Bord ums Leben kamen.

Am 9. Mai 1987 befand sich die SP-LBG, eine Il-62M, auf dem Flug LO 5055 nach New York im Steigflug. Sie wurde, nachdem man einen gesperrten militärischen Luftraum zunächst in niedriger Flughöhe unterflogen hatte, angewiesen, in einen schnellen Steigflug überzugehen. Dabei explodierte Triebwerk Nummer zwei, das daneben liegende Triebwerk 1 wurde ebenfalls zerstört, genauso fast alle Steuerungssysteme bis auf das Trimmruder, wodurch sich das Flugzeug noch notdürftig steuern ließ. Im hinteren Frachtraum entstand ein Feuer und die Besatzung leitete den sofortigen Notsinkflug nach Warschau ein und ließ Kerosin ab, um für die Landung leichter zu sein. Bemerkenswerterweise gelang es der Besatzung, die

Interflug Il-62 Postkarte.

Die Il-62 SP-LAE von LOT auf dem Flughafen Mailand Malpensa im Jahr 1975. 1984 wurde sie an Aeroflot weitergereicht, das Ende ihrer Karriere erlebte sie bei Kras Air, ehe sie in Krasnojarsk verschrottet wurde. **Jacques Barbé**

Maschine ganze 31 Minuten lang in der Luft zu halten, aber am Ende reichte es nicht ganz. Das Flugzeug ließ sich nicht mehr kontrollieren und schlug rund sechs Kilometer vom Flughafen entfernt auf, wobei alle 183 Menschen an Bord ums Leben kamen.

Nach diesem zweiten Unfall wurde die LOT Vorreiter bei der sicherheitstechnischen Nachrüstung

Aeroflot Werbefoto aus den frühen 1970er Jahren.

Air Kokshetau Il-62 Sicherheitskarte.

Der Anfang eines achtstündigen Fluges nach Moskau: Einsteigen in Wladiwostok. Diese Il-62M verbrachte ihre gesamte Karriere von 1978 bis 1996 bei Aeroflot. **Valentin Grebnew** Transport-Photo Images

der Il-62. Die Flugkontrollsysteme wurden verdoppelt, brennbare Elemente im Frachtraum ausgetauscht und Rauchmelder eingebaut, die Systeme zur Erkennung von Triebwerksvibrationen und Feuer verbessert.

Während das Jahr 1989 mit zwei schweren Abstürzen (eine Maschine der Interflug, eine der Cubana) ein schlechtes Jahr für die Il-62 war, gab es in den beiden folgenden Jahrzehnten, in denen die Il-62 noch in großer Zahl flogen, keine tödlichen Unfälle. Verglichen mit der Boeing 707, der VC10 und der DC-8 wies die Il-62 mit 22 tödlichen Unfällen und weiteren elf abgeschriebenen Flugzeugen ohne Todesopfer die geringste Unfallhäufigkeit auf.

Obwohl das Land, in dem die Il-62 entwickelt wurde, die Sowjetunion, aufgehört hatte zu existieren, waren die 1990er Jahre in vielerlei Hinsicht die Blütezeit der Il-62. Mit der Deregulierung des russischen Luftverkehrs zersplitterte eine große und oft behäbige Fluggesellschaft in viele kleinere, als die ehemaligen Sowjetrepubliken zu unabhängigen Staaten wurden. Aus dem ehemaligen usbekischen Direktorat in Taschkent wurde Uzbekistan Airlines, die eine Flotte von vier Il-62 und elf Il-62M übernahm und von Taschkent aus direkt nach London oder Seoul flog. Air Ukraine, die frühere Aeroflot-Filiale in Kiew, nahm den Linienverkehr mit sieben Il-62M auf und eröffnete recht ehrgeizig Transatlantikflüge nach New York und Toronto und eine Asienstrecke nach Bangkok.

In Russland selber entstanden zahlreiche unabhängige Fluggesellschaften - Interavia, Aviaenergo, Dalavia, SAT und VIM verfügten in den 1990er Jahren alle über große Flotten von Il-62. Allein 45 Maschinen landeten im Laufe der Zeit bei Domodedovo Airlines. Bei den meisten dieser Fluggesellschaften kamen die Il-62 sehr intensiv zum Einsatz, teilweise bis zu 17 Stunden pro Tag im Durchschnitt. Allein in der kleinen Tschechischen Republik gab es gleich mehrere private Airlines, so Bemo Air, Egretta oder Ensor Air, die die Il-62 Bestände der CSA für kleines Geld übernahmen und auf Charterflügen einsetzten.

Auch Aeroflot selbst konnte von der neuen Lage in der Welt profitieren. Vor allem internationale Strecken wurden neu ins Programm aufgenommen, darunter Moskau - Larnaca - Sal - Rio - Sao Paolo und Moskau - Shannon - Havanna - Panama - Managua. Die Il-62M - Flotte absolvierte so viele Transatlantikflüge, dass

Die Flotte von Domodedovo Airlines beim Warten auf den nächsten Einsatz. **Pawel Nowikow** Transport-Photo Images

Ein Trio von Air Ukraine Il-62M, die in den 1990er Jahren von Kiew auf Langstrecken nach Toronto, New York und Bangkok flogen.
Sergej Popsuewitsch Transport-Photo Images

Die Cubana Il-62M CU-T1209 wurde 1978 werksneu nach Havanna ausgeliefert, im Juni 1996 außer Dienst gestellt und verschrottet.
Richard Vandervord

Il-62 auf dem Flughafen von Petropawlowsk. **B. Korzin** Transport-Photo Images

Blick auf die Triebwerke aus dem hinteren Teil der Kabine einer Il-62. **Sam Chui**

Das Cockpit der Air Koryo Il-62 P-885 während eines Bodenaufenthalts. **Jan Heistermann**

LAM Mozambique war einer der Exportkunden für die Il-62. Die C9-BAE wurde in Heathrow fotografiert. **Richard Vandervord**

Diese Il-62M wurde 1985 an Interflug ausgeliefert, in den 1990er Jahren an Uzbekistan Airways weitergereicht und fliegt heute für die belarussische Rada Airlines mit der Kennung EW-450TR als Frachter. **Charles Bargibant**

Il-62M der russischen Regierung, ausgeliefert im Jahr 1992. **Artjom Kuschlew**

an bestimmten Wochentagen innerhalb weniger Stunden acht Flugzeuge zum Auftanken im irischen Shannon landeten - in jeder Richtung.

Mit Ende der 1990er Jahre liefen Flugzeuge von Airbus oder Boeing, die zwar höhere Anschaffungskosten hatten aber viel effizienter zu betreiben waren, der Il-62 (und auch anderen sowjetischen Mustern) zunehmend den Rang ab. Die letzten 13 Il-62 der Aeroflot wurden am 1. November 2001 außer Dienst gestellt. Andere russische Fluggesellschaften folgten diesem Beispiel in den folgenden Jahren. An vielen russischen Flughäfen standen ganze Armadas ausrangierter Iljuschins und Tupolews in zunehmend schlechter werdendem Zustand abgestellt. Heute sind die meisten von ihnen verschrottet worden.

Die letzte produzierte Il-62 wurde 1995 ohne einen Abnehmer gebaut und erst einmal eingelagert. KAPO, die Kazan Aircraft Production Association, der spätere Eigentümer der Flugzeugfabrik Nummer 22, gründete 1999 KAPO Avia und stellte die RA-86586 selbst in Dienst, indem sie im Auftrag einiger der obskursten Fluggesellschaften der Welt - Magma Airlines, BGB Air, Luk Aero - Charterflüge durchführte, bevor sie vom kasachischen Makler Sayat Air erworben und als UP-i6205 umregistriert wurde.

Der niedrige Anschaffungspreis und die große Reichweite der Il-62M, viele von ihnen mit relativ wenigen Flugstunden auf der Uhr, und gut verfügbare Piloten, die sie noch fliegen konnten, waren nicht unglücklich, wenn Angebote hereinflatterten, ihre Uniform zu entstauben und im Iran oder im Sudan für eine Weile Il-62 zu fliegen.

Wie im Kapitel über die Tupolev Tu-154 ausführlich beschrieben, war vor allem der Iran oft das Ziel solcher Arrangements. Oft verliehen Airlines direkt Flugzeug und Crews dorthin. Aufgrund des westlichen Embargos konnten iranische Airlines zumindest auf offiziellem Weg keine Flugzeuge in westlichen Ländern beschaffen. Aria Air war eine der Airlines, die sich mit sowjetischen Flugzeugen aushalf: die private Airline beschaffte einige Il-62 aus Kasachstan samt Besatzungen. Leider stürzte die 1989 an Interflug gelieferte UP-i6208 am 24. Juli 2009 bei der Landung in Maschhad ab, was der gesamten Airline ein jähes Ende bereitete. Für Fans der Il-62 ist dies besonders schade, denn Aria Air hatte Großes mit dem Flugzeugtyp vor und wollte mehrere weitere Exemplare beschaffen...

Cubana war eine der letzten großen Fluggesellschaften, die die Il-62 einsetzte. Transatlantikflüge (nach Madrid, Paris, Frankfurt und Las Palmas) und Routen in ganz Latein- und Südamerika wurden nach und nach

Diese 1995 gebaute Il-62M flog für Orient Avia und wurde danach als Frachter von Manas Airways eingesetzt. **Artjom Kuschlew**

Die P-885 war die erste Il-62M der Air Koryo und ist auch heute noch für die Airline unterwegs. **Bernie Leighton**

Bordservice auf dem kurzen Air Koryo Flug von Peking nach Pjöngjang. **Sam Chui**

Die „Air Force One“ Nordkoreas beim Abflug. **KCNA**

Kim Jong Un schaut aus dem Fenster. **KCNA**

auf die etwas näheren Ziele Santo Domingo, Mexiko City, Recife und Caracas reduziert. Das letzte Flugzeug, die CU-T1284, wurde am 1. März 2011 stillgelegt.

Im darauffolgenden Jahr kaufte die nordkoreanische Fluggesellschaft Air Koryo die CU-T1280, registrierte sie als P-886P und überführte sie im Juli 2012 von Havanna nach Pjöngjang, wo sie auseinandergenommen wurde, um Ersatzteile für die beiden verbliebenen nordkoreanischen Passagiermaschinen (P-881 und P-885) sowie das Flugzeug des Staatschefs Kim Jong Un zu beschaffen. Nachdem Air Koryo in der Blütezeit der 1980er Jahre bis nach Moskau, Berlin, Sofia und Belgrad geflogen war, wurde die Il-62 im Jahr 2012 hauptsächlich auf der Hauptroute nach Peking eingesetzt, mit gelegentlichen Besuchen in Shenyang, Moskau, Bangkok und Macau. Am letzten Tag des Jahres 2012 verbot China den Typ wegen Lärmbelästigung; die P-881 ging an die Luftwaffe, so dass lediglich die P-885, Nordkoreas erste Il-62M (ausgeliefert 1979), im Passagierdienst verblieb.

Selbst in einem kleinen Land wie Nordkorea, einer auf sehr niedrigem Niveau operierenden Wirtschaft, einer Bevölkerung, die kaum reisen darf, und einem Landeverbot des Typs auf der wichtigsten Auslandsdestination Peking kann die P-885 noch einigermaßen ihren Lebensunterhalt bestreiten, da sie gelegentlich für Ad-hoc-Inlandsflüge eingesetzt wird (so für den Transport von Delegationen zum heiligen Berg Paektu oder für die Beförderung von Arbeitern zwischen Pjöngjang und der zweitgrößten Stadt des Landes, dem Industriezentrum Hamhung). Der einmal wöchentlich stattfindende Flug von Air Koryo nach Wladiwostok wurde, wenn die Nachfrage das Platzangebot der üblichen Il-18 überstieg, zumindest bis vor kurzer Zeit gelegentlich mit der Il-62 durchgeführt, die in Russland keinen Umweltauflagen unterliegt. Noch ist es nicht aller Tage Abend für die Il-62!

Eine weitere Il-62 wurde über ein ganzes Jahrzehnt später nach der eigentlich letzten Maschine gebaut - am 8. Oktober 2009 wurde die RA-86495 aus Teilen, die man mehr oder weniger noch im Werk herumliegen hatte, in Kasan für die russische Regierung fertiggestellt. Seltsamerweise erhielt sie dieselbe Seriennummer und Registrierung wie eine 1977 gebaute Il-62MK, die für Aeroflot, das sowjetische Militär und später für Moscow Airlines flog; diese ursprüngliche Maschine wurde 2002 irreparabel beschädigt und in Tschkalowski verschrottet. Die zweite Version der RA-86495, gewissermaßen die Reinkarnation, ist bis heute bei

Investavia Il-62M UN-86130 beim Start auf der thailändischen Insel Phuket. **Sam Chui**

der 223. Flugeinheit der russischen Luftwaffe im Einsatz, die sich in erster Linie auf den Transport hochrangiger Politiker spezialisiert hat.

Der Vergleich mit der VC-10 ist angesichts des ähnlichen Aussehens der beiden Flugzeuge unvermeidlich. Für die westlichen Flugzeughersteller schien es auf der Hand zu liegen (mit einer gewissen Portion Chauvinismus), dass die Vickers-Maschine der „VC-10ski" überlegen sein muss. Doch während die VC-10 eine geringere Reichweite hatte und nur 54 Exemplare produziert wurden, war Russlands erstes Langstreckenflugzeug in jeder Hinsicht ein Erfolg - 295 Exemplare wurden zwischen 1963 und 1995 produziert (plus das Einzelstück von 2009). Sie flogen für zahllose Fluggesellschaften in über 30 Ländern, ganze 213 taten zumindest irgendwann im Laufe ihrer Karriere Dienst bei Aeroflot. Auch heute noch wird die Il-62 von einer Fluggesellschaft (Nordkoreas Air Koryo) im Passagierverkehr und der weißrussischen Rada Airlines als Frachtmaschine eingesetzt, eine Reihe von Maschinen fliegen vor allem in Russland im Regierungsauftrag. Von allen Flugzeugen, die Sergej Iljuschin entworfen hat, ist es die Silhouette einer Il-62, die als seine größte Errungenschaft in seinen Grabstein auf dem Friedhof des Neujungfrauen-Klosters in Moskau eingemeißelt ist - das Flaggschiff der Sowjetunion.

1989 an Interflug ausgeliefert, endete das Leben dieser Il-62M tragisch, als sie auf einem Aria Air Flug am 2. Juli 2009 in Maschhad, Iran, verunfallte. **Guy Van Herbruggen**

Forty-Eight Airlines flog diese 1990 gebaute Il-62M 2011 auf Inlandsflügen im Sudan. Heute ist sie in Khartoum abgestellt. **Eduard Onyshchenko**

Diese 1986 gebaute ex-Interflug Il-62M wurde später zur UK-86575 und flog bei verschiedenen usbekischen Airlines, ehe sie im Oktober 2009 in Domodedowo verschrottet wurde, wo 2005 auch dieses Foto entstand. **Richard Vandervord**

Fjodor Borisow Transport-Photo Images

Tupolew Tu-144

Sowjetischer Überschall

Das erste, schwerste und größte Überschallflugzeug der Welt erhob sich am letzten Tag des Jahres 1968 in die Lüfte. Sechs Monate später, am 5. Juni 1969, durchbrach es erstmals die Schallmauer. Es war nicht die Concorde!

Die 1960er Jahre waren in der Sowjetunion ein Zeitalter technologischer Revolutionen, vor allem in der Raumfahrt: der Erfolg des ersten Weltraumsatelliten Sputnik im Jahr 1958, gefolgt vom Wostok-Raumfahrtprogramm, das mit Juri Gagarin 1961 den ersten Menschen ins All brachte, dem ersten Flug von zwei Raumschiffen ins All im August 1962 oder dem ersten Flug einer Frau ins All im Juni 1963 waren Meilensteine. Auch in der Luftfahrt griff man nach den Sternen - mit voller Unterstützung der Regierung. Ein, vielleicht das Lieblingsprojekt war ein Überschallpassagierflugzeug. Zu jener Zeit des Kalten Krieges waren Informationen über die jeweiligen Überschallprogramme der anderen Seite begehrter als kaum sonst irgendetwas. Die Sowjets hatten sogar einen Namen für ihre nachrichtendienstlichen Bemühungen gegen die anglo-französische Concorde: Operation Brünnhilde.

An Brünnhildes größtem Coup war Sergej Fabiew beteiligt, ein hochrangiger französischer Technokrat und Sohn eines Weißrussen, der die gesamte technische Dokumentation der Concorde auf Mikrofilm in die Sowjetunion schmuggeln ließ, teilweise versteckt hinter einem Heizungsgitter der ersten Klasse eines Zuges, teilweise auf Linienflügen der Aeroflot.

In Großbritannien wurden im Februar 1965 zwei Kodak-Mitarbeiter wegen Spionage angeklagt, und im selben Monat wurde der Pariser Stationsleiter der Aeroflot, Sergej Pawlow, in einem Pariser Restaurant mit einer Serviette verhaftet, auf der Geheimnisse über Fahrwerke, Bremsen und High-Tech-Metallurgie notiert waren. Der französische Präsident Charles de Gaulle war so wütend, dass er darauf bestand, Pawlows Ausweisungspapiere persönlich zu unterzeichnen.

Auch wenn der Tu-144 immer vorgeworfen wurde, letztlich eine Kopie der Concorde zu sein, wird dieser Vorwurf den Leistungen der Sowjetunion nicht gerecht: Man verfügte über eine gut entwickelte Luftfahrtindustrie, die ihrem westlichen Pendant in vielerlei Hinsicht mindestens ebenbürtig war. Selbst die ausgefeiltesten technischen Details, die durch Spionage gewonnen wurden, wären ohne eine schon vorhandene industrielle Grundlage nutzlos gewesen. Ein weiterer Grund dafür, dass es zumindest nicht sinnvoll war, eine direkte Kopie eines gestohlenen Bauplans anzufertigen, war, dass die Sowjetunion ein ganz anderes Betriebsumfeld mit anderen Anforderungen an die Flugzeuge hatte als die Vereinigten Staaten oder Westeuropa. Den Sowjets war klar, dass sie auf keinen Fall auf durch Spionage allein gewonnene Informationen setzen konnten, denn einige der Daten aus Frankreich waren absichtlich manipuliert. Jeder der Beteiligten schien zu wissen, was für ein (Spionage-)Film hier lief!

Die CCCP-68001 war die erste gebaute Tu-144, Seriennummer Null. Hier sieht man sie auf dem Pariser Aérosalon im Juni 1971. **Jacques Barbé**

Inzwischen war der Sohn des sowjetischen Luftfahrtpioniers Andrej Tupolew, Alexej, zum Chefkonstrukteur im Tupolew-Konstruktionsbüro geworden. Nachdem er über 100 Entwürfe für den geplanten Überschalljet gesehen und verworfen hatte, entschied er sich für ein Deltaflügel-Design, das erste in der Sowjetunion konstruierte Flugzeug ohne separates Höhenleitwerk.

Ein erstes Modell der Tu-144 wurde 1965 auf dem Pariser Aérosalon vorgestellt. Die technischen Eckdaten: ein Flugzeug mit 120 Sitzen und einem Gewicht von 130 Tonnen, das mit Mach 2,3 etwas mehr als 6.000 Kilometer weit fliegen konnte. Der britische Geheimdienst war skeptisch angesichts des geringen Gewichts und schätzte ganz richtig, dass die Triebwerke einen Schub von 40.000 Pfund erzeugen müssten. Tupolew versprach den Erstflug für 1968 - ein Versprechen, das entgegen vieler Erwartungen am Ende gehalten wurde.

Als der britische Technologieminister Sir John Stonehouse eine britische Handelsmission in die Sowjetunion anführte und den Prototyp der Tu-144 in seinem Hangar auf dem Flugplatz von Schukowski besichtigen konnte, fand er die Anlage primitiv, vom Flugzeug selber aber war er schwer beeindruckt. Unter den Delegierten war auch Sir George Edwards, Vorsitzender der British Aircraft Corporation, der den Prototyp inspizierte und anschließend zu Andrej Tupolew klar sagte: „Die Lufteinlässe und Triebwerke liegen an der falschen Stelle. Die Flügelkonstruktion ist unausgereift! Ihre Bypass-Triebwerke reduzieren zwar den Lärm auf dem Flughafen, aber bei der Reiseflugleistung verlieren Sie viel an Effizienz." Als er hinzufügte, dass die Triebwerke „etwa in der Mitte des Flügels" angebracht werden müssten, antwortete Tupolew: „Das weiß ich, aber wir kriegen das Steuerungssytem mit ausgefallenem Triebwerk so einfach nicht in den Griff!" In der Tat hatten sowohl die Tu-144 als auch die Concorde Probleme mit asymmetrischen Schub und die Ingenieure arbeiteten noch mit Hochdruck daran, die perfekte Position für die Triebwerke zu finden.

Jungfernflug der CCCP-68001.

Der Prototyp und zwei Serienmaschinen.

Das Cockpit der CCCP-77112. **Bahnfrend**

Die Tu-144 im Flug. **B. Korzin** Transport-Photo Images

Luftaufnahmen - Mai 1973.

Lew Polikaschin RIAN Archive

Am 18. April 1968 erhob sich eine MiG-21, in die Luft. Sie hatte eine Tragfläche, die der der Tu-144 ähnelte, und schien perfekt geeignet, um Konstrukteuren und Piloten Erfahrungen mit dem Flugverhalten zu vermitteln. Der Erstflug der Tu-144 rückte langsam näher.

Die gesamte letzte Woche des Jahres 1968 über herrschte rings um Moskau dicker Nebel, nur der 31. Dezember war ein heller und kalter Wintertrag. Tupolew Senior, der in der Woche zuvor seinen 80. Geburtstag feierte, wurde in einer Limousine an den Flughafen gefahren, um Zeuge des Erstfluges dieses 120. (und letzten) Flugzeugs zu werden, das zu seinen Lebzeiten seinen Namen trug.

Der Prototyp der Tu-144 mit dem Kennzeichen CCCP-68001 wurde von einem LKW aus dem Hangar und später von einem Tatra-Traktor zur Startbahn gezogen. Die Piloten trugen Visierhelme, hohe Stiefel und Lederjacken. Der Kapitän war Chefpilot Edward Elian, gerade 42 Jahre alt, geboren in Baku, der auch beim Jungfernflug des ersten Düsenflugzeugs von Tupolew, der Tu-104, an Bord war. Die Kabine des Flugzeugs war komplett leer, vor dem Flug zogen die Piloten Druckanzüge an und schnallten sich in die Schleudersitze.

Der ohrenbetäubende Startlauf bis zum Abheben dauerte 25 Sekunden, der anschließende Flug 37 Minuten. Während des gesamten Fluges blieb das Fahrwerk ausgefahren, aber es wurden Tausende von Parametern aufgezeichnet, um das Testprogramm in Gang zu bringen.

Nach dem erfolgreichen Erstflug gab Alexej Tupolew der Zeitschrift Technika Molodeschi (Technik für die Jugend) ein langes und offenes Interview, in dem er zugab, dass der Überschall-Passagierflug an sich einfach sei. Die Schwierigkeit bestünde darin, die drei besonderen Anforderungen der Zivilluftfahrt zu erfüllen und das Ganze effizient, zuverlässig und komfortabel zu machen. Andere Publikationen waren euphorischer - die Zeitung Iswestija begrüßte die Aussicht, Chabarowsk, 100 Breitengrade östlich von Moskau, künftig in drei Stunden und 20 Minuten zu erreichen. Ein Passagier, der Moskau mittags in Richtung Westen verließ, würde um 9 Uhr in Montreal ankommen und damit „nicht nur den Schall, sondern auch die Sonne überholen".

Das öffentliche Debüt der Tu-144 fand am 20. Mai 1969 auf dem Moskauer Flughafen Scheremetjewo statt, der erste Überschallflug wurde am 1. Juni 1970 absolviert. Am 15. Juli erreichte die CCCP-68001 die Rekordgeschwindigkeit von Mach 2,35 (2.443 km/h). Dieser Rekord sollte während des gesamten Testprogramms

Bestand haben. Die NATO gab dem neuen Flugzeug den sehr „coolen" Codenamen „Charger".

Der Prototyp verließ die Sowjetunion erstmals zur Teilnahme am Pariser Aérosalon Ende Mai 1971. Danach folgte ein Programm von Demonstrations- und Erprobungsflügen nach Budapest, Hannover und Sofia. Die Strecke von Moskau nach Sofia wurde sogar mit Überschallgeschwindigkeit zurückgelegt. Während des Testprogramms traten einige Mängel zutage, die aber alle behoben werden konnten: Die Nähe des Rumpfs zu den mittig angeordneten Triebwerksauslässen führte zu extremen Vibrationen, denen selbst die Titanelemente im Rumpf nicht standhalten konnten. Im Rahmen einer großen Modifikation wurden nicht nur die verbesserten NK-144F-Triebwerke paarweise unter den Tragflächen angebracht, sondern auch der Rumpf verlängert (er hatte nun 34 statt 25 Passagierfenster) und mit einem neuen, runderen Querschnitt versehen. Die Nase und das Radarsystem wurden optimiert und das Hilfstriebwerk vom Heck in die Steuerbord-Triebwerksgondel verlegt. Eine der bemerkenswertesten Neuerungen der Serienversion waren zwei einziehbare Vorflügel. Diese befanden sich direkt hinter dem Cockpit und wurden bei niedriger Geschwindigkeit ausgefahren, um dem Flugzeug zusätzliche Stabilität zu verleihen.

Das Flugzeug erhielt die Serienbezeichnung Tu-144S, und das erste Exemplar, die CCCP-77102, hob erstmals am 20. März 1972 vom Werk in Schukowski aus ab. Einen Monat später absolvierte genau dieses Flugzeug einen Überschallflug von Moskau nach Taschkent in sportlichen 110 Minuten. Der letzte Flug des Prototyps CCCP-68001 fand am 27. April 1973 statt. Zu diesem Zeitpunkt hatte sie 120 Flüge mit 180 Stunden in der Luft absolviert (davon 50 Stunden im Überschallflug) und später verschrottet. Die CCCP-77102 kam nach einer Flugzeit von einer Stunde und 57 Minuten (zum Großteil als Überschallflug) zum Pariser Aérosalon 1973 auf dem Flughafen Le Bourget in Paris an. Am letzten Tag der Ausstellung, dem 3. Juni, startete sie zu einer Flugvorführung unter dem Kommando von Kapitän Michail Koslow, der beim Erstflug des Prototyps im Jahr 1968 der erste Offizier gewesen war. Kurz vor dem Flug änderten sich plötzlich die Zeitvorgaben für die Flugvorführung, das Zeitfenster wurde auf nur fünf Minuten verkürzt. Nach einer Vorführung der

Die CCCP-77110. **Guy Viselé**

Die CCCP-77102, wenige Augenblicke vor dem Absturz in Paris Le Bourget. **Guy Viselé**

konkurrierenden Concorde hob die Tu-144S ab und lieferte eine beeindruckende, wenn auch kurze Show ab. Nach einem niedrigen Vorbeiflug mit ausgefahrenem Fahrwerk und Klappen zündete Kapitän Koslow die Nachbrenner und ging in einen steilen Steigflug über. Plötzlich, auf rund 3.000 Fuß, geriet das Flugzeug in Schwierigkeiten. Die Nase neigte sich stark nach unten und das Flugzeug ging in einen steilen Sinkflug. Diesen wollten die Piloten abfangen und das Flugzeug nach oben reißen. Dabei wurde die Struktur dermaßen überlastet, dass das Flugzeug auseinanderbrach und vor 300.000 Schaulustigen explodierte.

Das Dorf Goussainville - nur einen Steinwurf von der Stelle entfernt, an der 27 Jahre später eine Air France Concorde abstürzen sollte - glich einem Kriegsgebiet. Ein Triebwerk lag in einem Garten, ein Stück der Tragfläche fiel in den Innenhof des Rathauses, das Cockpit, in dem die toten Piloten noch angeschnallt waren, demolierte ein Haus, brennendes Kerosin lief auf die Straßen und entzündete Häuser und Autos. 8 Dorfbewohner wurden getötet und über 60 schwer verletzt.

Die Ursache wird bis heute kontrovers diskutiert. Eine Vermutung ist, dass ein französisches Mirage-Kampfflugzeug, das wahrscheinlich die Vorführung der Sowjets filmte, der CCCP-77102 sehr nahe kam und die Piloten zu einem heftigen Ausweichmanöver veranlasste. Dies zusätzlich zur ohnehin schon herrschenden Verwirrung durch die kurzfristige Zeitenänderung, die sie zwang, eine am Flughafen Schukowski minutiös einstudierte Flugchoreographie kurzfristig über den Haufen zu werfen. Der französische Fernsehjournalist Michel Tauriac hatte versucht, den Flug zu begleiten, aber Flugingenieur Benderow hatte ihn daran gehindert, stattdessen seine Kamera genommen und versprochen, den Flug in Tauriacs Namen zu filmen. Eine damals weit verbreitete Theorie besagt, dass die ungesicherte Kamera die Kontrollen des Ersten Offiziers blockierte und so das Abfangen des Sturzfluges zumindest verzögerte. Der Absturz war ein verheerender Schlag, aber Tupolew und die sowjetische Raumfahrtindustrie hielten an dem Programm fest. Kurz nach dem Absturz besuchte eine amerikanische Delegation das Werk in Woronesch, in dem die Serienproduktion auf vollen Touren lief. Sie zeigte sich beeindruckt vom Umfang des Projekts: Fünf Flugzeuge waren im Bau, die Teile für ein weiteres Dutzend standen schon bereit. Michail Michailow, stellvertretender Direktor des Ministeriums für Luftverkehrsproduktion, teilte mit, dass Aeroflot 30 Tu-144 bestellt habe und mit einer Gesamtzahl von 75 Maschinen plane. Das Werk in Woronesch und seine unmittelbare Umgebung

Zwei Tu-144 umrahmen die Herren, die sie fliegen, auf dem Flughafen Domodedowo. **B. Korzin** Transport-Photo Images

zeigten sehr gut die teilweise Widersprüchlichkeit der Sowjetunion: unmittelbar vor den Toren der Fabrik begann die tiefe russische Provinz jener Zeit - kleine Dörfer, verbunden durch staubige Straßen, vorbei an Feldern, auf denen das Heu mit einer Handsense geschnitten und auf einen Pferdewagen geladen wurde. Es schien unglaublich, dass nur ein paar Kilometer entfernt ein Überschalljet in die Serienproduktion ging.

Die ersten Linienflüge 1975 sollten von Moskau zu den wirtschaftlich wichtigen Städten Nowosibirsk, Irkutsk und Chabarowsk führen. Im nächsten Schritt sollten diese drei Strecken ab Leningrad bedient werden, sowie Taschkent und Alma Ata (heute Almaly) von Moskau aus. Auch die Vereinigten Staaten, Singapur und Tokio standen auf der Liste möglicher Ziele.

Feierlichkeiten anlässlich der ersten Landung in Alma Ata am 1. November 1977. **B. Korzin** Transport-Photo Images

Vorbereitungen für den Start des ersten Rückfluges von Alma Ata nach Moskau. **B. Korzin** Transport-Photo Images

Anders als das westliche Gegenstück, die Concorde, war die Tu-144 in einer Zweiklassenkonfiguration ausgestattet, mit 2-1 Bestuhlung in der Ersten Klasse und 3-2 in der Economy Class. **Pavel Vanka**

Ein Blick in die Economy Class. Beide Fotos entstanden an Bord der CCCP-77106. **Simon De Rudder**

Tatsächlich war die Tu-144 jedoch noch weit davon entfernt, in den Liniendienst zu gehen. Der Enthusiasmus der Aeroflot für diesen Typ kühlte sich in den nächsten Jahren deutlich ab, eine Indienststellung ließ immer noch auf sich warten. Das Testprogramm kämpfte weiterhin mit den durstigen NK-144F-Triebwerken und der möglichst komfortablen Einrichtung der Passagierkabine. Im Dezember 1975 wurden immerhin Fracht- und Postflüge von Moskau nach Alma Ata mit der CCCP-77106 aufgenommen. Diese Nicht-Passagierflüge dienten auch dazu, die Bodenabfertigung des neuen Flugzeugs einzuüben und die Staffelung mit langsameren Flugzeugen im An- und Abflug der jeweiligen Flughäfen einzuüben. Die Testflüge dauerten fast ein Jahr, bis Dezember 1976.

Der erste Passagierflug, SU 499, startete endlich am 1. November 1977 vom Moskauer Flughafen Domodedowo nach Alma Ata und wurde von der CCCP-77109, einer brandneuen Tu-144S, durchgeführt. Um 09:03h Ortszeit hob die Maschine unter dem Kommando von Boris Kusnezow ab und landete um 11:02h in Alma Ata. Der Rückflug startete von dort um 13:28h und berührte um 15:31 wieder Moskauer Boden. Zum ersten Mal wurden auf diesem Flug auch nichtsowjetische Passagiere befördert. Die Berichte über den Flug waren gemischt. Eine kaputte Toilette und Fensterblenden, die sich selbständig machten, waren harmlos. Viel schlimmer: in der Kabine herrschte ein unglaublicher Lärm. Und dieser ging nicht nur von den Triebwerken aus. Die Tupolew verwendete ein gigantisches Klimaanlagensystem, um die durch die Reibung entstehende Hitze während des Fluges zu kompensieren. Das ohrenbetäubende Dröhnen dieser Klimaanlage machte eine normale Unterhaltung unmöglich, Passagiere mussten sich durch

Die letzte Tu-144 nach der Außerdienststellung in Schukowski. **Fjodor Borisow** Transport-Photo Images

handschriftliche Notizen verständigen. In den hinteren Reihen, nahe den Triebwerken, war es sogar noch schlimmer.

Obwohl die nächsten beiden Flüge nach der Premiere gestrichen wurden, verkehrte SU 499 zunächst recht regelmäßig einmal in der Woche, immer dienstags ab Moskau um 8.30 Uhr und SU 500 ab Alma Ata für den Rückflug in die Hauptstadt um 15.30 Uhr. Der Flugpreis betrug 68 Rubel anstelle des Unterschalltarifs von 48 Rubel. Ausländische Staatsangehörige waren praktisch bei jedem Flug an Bord, denn trotz der Kosten für das Visum und die umständliche Einreise in die Sowjetunion war dies für diejenigen, die hinter einem Überschallflug her waren, immer noch eine viel günstigere Option als ein Concorde-Ticket.

Am 27. April 1978 flog die erste Serienmaschine der Langstreckenversion, der Tu-144D, zum ersten Mal, angetrieben von den lange erwarteten Kolesow RD-36-51-Turbotriebwerken, die endlich die angestrebte Reisegeschwindigkeit von Mach 2 ermöglichten.

Doch diese neue Variante sollte nie einen Passagierflug durchführen. Erneut kam ein Absturz dazwischen: die Katastrophe ereignete sich am 23. Mai 1978 während eines Routine-Testflugs in der Nähe von Moskau, als die CCCP-77111, eine brandneue Tu-144D, während ihres erst sechsten Flugs einen Riss in einer Kraftstoffleitung im Flügel erlitt. Als die Hilfsturbine gestartet wurde, entfachte der auslaufende Treibstoff ein riesiges Feuer. Den Piloten gelang sogar noch eine einigermaßen erfolgreiche Notlandung auf einem Feld in der Nähe von Jegorjewsk, aber die beiden Ingenieure, die zur Sicherheit in die Passagierkabine zurückgeschickt worden waren, kamen ums Leben, als sich die abgelenkte Bugspitze in den Boden grub, abbrach und den Rumpf

Die CCCP-77115 war die letzte Tu-144D, die jemals flog (am 4. Oktober 1984). Sie befindet sich heute auf dem Flughafen Schukowski. **Guy Viselé**

genau dort durchstieß, wo sie saßen. Alle Passagierflüge mit der Tu-144 wurden eingestellt - der letzte Hin- und Rückflug der SU 499/500 fand am 1. Juni 1978 statt. Die Produktion und Erprobung wurde jedoch fortgesetzt. Am 31. Juli erlitt die CCCP-77113 während des Überschallflugs den Ausfall einer Kompressorscheibe, was zu Schäden an der Struktur und den Systemen führte. Die Besatzung konnte jedoch sicher auf dem Luftwaffenstützpunkt Engels-2 in der Nähe von Saratow landen.

Im Juni 1979 wurden zumindest Frachtflüge von Moskau nach Chabarowsk im fernen Osten Russlands wieder aufgenommen, die mit den neuen Kolesow RD-36-51-Triebwerke der Tu-144D bequem nonstop durchgeführt werden konnten. Aber ein wirkliches Comeback gab es nicht. Letztendlich wurden mit der Tu-144 nur 102 kommerzielle Flüge durchgeführt, darunter 55 Passagierflüge, bei denen lediglich 3.284 Passagiere befördert wurden.

Die Tu-144 hatte genügend Unterstützer, um die Testflüge weiter fortzusetzen und daraus wichtige Erkenntnisse zu ziehen. Am 20. Februar 1981 erhielt sie erneut eine provisorische Flugzulassung, aber Passagierflüge gab es nie wieder. Am 1. Juli 1983 wurde die Produktion des Typs per Regierungsbeschluss beendet, ab sofort sollte der Typ nur noch für Forschungsflüge eingesetzt werden. Innerhalb weniger Wochen stellte die CCCP-77114, eine nagelneue Tu-144D, dreizehn von der Fédération Aéronautique Internationale (FAI), dem Weltverband für Luftfahrt-Weltrekorde, anerkannte Geschwindigkeits- und Höhenrekorde auf. Zwischen 1986 und 1989 wurde dieses Flugzeug für medizinische Forschungsarbeiten über radiologische Auswirkungen in großer Höhe eingesetzt. Eine weitere Tu-144D wurde 1985 zur Ausbildung von Kosmonauten für Missionen mit der Raumfähre Buran eingesetzt.

Anfang der 1990er gab es nochmal so etwas wie ein kleines Comeback: ein internationales Forschungsteam, bestehend aus Tupolew, der NASA, Rockwell und Boeing, machte sich daran, die Möglichkeiten eines zukünftigen Überschallverkehrsflugzeugs, bekannt als SST-2, zu untersuchen. Für einen fliegenden Prüfstand reaktivierten die russischen Behörden CCCP-77114, ein Flugzeug, das trotz seiner Rekord- und Forschungsflüge in den 1980er Jahren erst wenige Flugstunden auf der Uhr hatte. Die CCCP-77112 wurde als Bodenprüfstand verwendet und ein drittes Flugzeug, die CCCP-77115, stand als Reserve bereit. Vor allem aus den USA gab es relativ laute Kritik daran, für diese Tests ein russisches Flugzeug zu verwenden und den Großteil des 35-Millionen-Dollar-Budgets in Russland auszugeben. Der Kalte Krieg war erst wenige Jahre zuvor vorbei gegangen... Louis Williams, Leiter des Hochgeschwindigkeits-Forschungsprogramms der NASA, erläuterte in mehreren Interviews, warum die Tu-144 für diese Aufgabe besonders geeignet war - die Überschall-Forschungsplattform sollte einer künftigen SST-2 in Bezug auf Leistung (Mach 2,3 anstelle von Mach 2 bei der Concorde) und Größe (Flügelfläche von 507 m² anstelle von 425 m² bei der Concorde) so nahe wie möglich kommen. Hilfreich war auch, dass die Tu-144 im Vergleich zu allen anderen Flugzeugen den größten Anteil an Titan an ihrem Leergewicht hatte - rund 20 %.

Im Zuge der Umrüstung für das Testprogramm gab es neue Triebwerke: Kusnezow NK-321 Nachbrenner-Turbofans, ganz ähnlich den Triebwerken, mit denen der Überschallbomber Tupolew Tu-160 ausgestattet ist. Die reaktivierte RA-77114, weiß lackiert und mit den Flaggen der USA und Russlands im Heck, startete erstmals am 29. November 1996 und absolvierte insgesamt 27 Testflüge, den letzten am 28. Februar 1998, bei denen wichtige Daten über das Verhalten großer Flugzeuge in großen Höhen und bei hohen Geschwindigkeiten gesammelt wurden.

Am 14. April 1999 absolvierte die RA-77114 den allerletzten Flug einer Tupolew Tu-144 überhaupt: ein Testflug von der Heimatbasis Schukowski aus.

Die Geschichte der Tu-144 ähnelt der der Concorde - sie wurde in einer Zeit entwickelt, in der die Euphorie über neue Technologien schier grenzenlos war. Aber hohe Energiekosten und letztlich die Erkenntnis, dass zumindest im Flugzeugbau Kapazität über Geschwindigkeit ging, ließen weder die Concorde noch die Tu-144 einen großen Erfolg werden. So scheiterte die Tu-144 ein Stück weit auch an der Wirtschaftlichkeit des Großraumflugzeugs Iljuschin Il-86, ebenso wie die Concorde an der Boeing 747.

Die 55 Passagierflüge der Tu-144 waren spektakuläre Ausflüge bis an den Rand des Weltraums und wieder zurück, unbequem und vielleicht sogar etwas beängstigend, mit einer Geschwindigkeit, die mehr als doppelt so hoch war wie die der heutigen Passagierflugzeuge. Trotz der rudimentären Technologie, die zum Einsatz kam, erreichten alle diese Flüge sicher ihr Ziel in Kasachstan und flogen auch sicher wieder zurück nach Moskau. Der Bau und die Operation von Überschallflugzeugen waren und sind wahrscheinlich eines der ehrgeizigsten Ziele in den Bemühungen um die Eroberung des Himmels darstellt. Und da heute noch keiner weiß, ob es jemals wieder einen Überschallpassagierjet geben wird, ist die Tu-144, auch wenn ihre Karriere kurz war, umso bemerkenswerter.

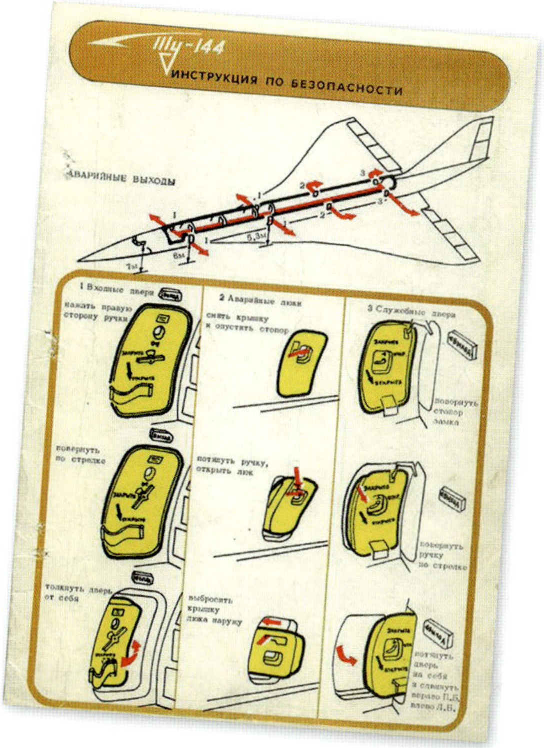

Die Tu-144 schließt zum Fotoflugzeug auf, das nebenher fliegt.

B. Korzin Transport-Photo Images

Fjodor Borisow Transport-Photo Images

Tupolew Tu-154
Das Arbeitspferd

Die Tu-154 ist in vielerlei Hinsicht das sowjetische Verkehrsflugzeug schlechthin - ein echtes Arbeitstier, von dem fast eintausend Exemplare gebaut wurden.

Für das Konstruktionsbüro Tupolew bedeutete die Konstruktion der Tu-154 einen wichtigen Schritt nach vorn. Die Tu-104 und die Tu-124 waren beide direkte Nachkommen des Bombers Tu-16, die Tu-134 war stark beeinflusst von der Tu-104 und die Propellermaschine Tu-114 eng an die Tu-95 angelehnt. Die Tu-154 jedoch war der erste Düsenjet, das von Grund auf neu entwickelt wurde.

Das neue Flugzeugmuster sollte gleich mehrere in die Jahre gekommene Vorgänger ersetzen: die Antonow An-10, die Iljuschin Il-18 und die Tupolew Tu-104. Alle von ihnen hatten ihre Spezialisierungen - die An-10 konnte hervorragend von kurzen und unbefestigten Pisten operieren, die Il-18 war konkurrenzlos sparsam und die Tu-104 pfeilschnell. Aber drei sehr unterschiedliche Flugzeugtypen, auch noch von drei verschiedenen Herstellern, bedeuteten auch hohe Komplexität in der Wartung, Verfügbarkeit von Ersatzteilen oder dem kurzfristigen Ersatz von einem Flugzeugtyp mit einem anderen.

Die Messlatte für das neue Flugzeug lag hoch - die neue Konstruktion sollte das Beste aller drei Vorgängermodelle in sich vereinen, wenn nicht sogar übertreffen. Ein früher Entwurf, die Tu-104D, verfügte bereits über eine ähnliche Konfiguration mit drei Triebwerken, wurde aber nie gebaut. 1963 wurde der Entwurf jedoch wieder aus der Schublade geholt, erweitert und angepasst, obwohl auch ganz andere Ideen in Betracht gezogen wurden, so ein komplett durchs Leitwerk hindurchreichendes zweites Triebwerk, ähnlich wie bei der DC-10, oder gleich vier Triebwerke, die paarweise am hinteren Rumpf angebrocht worden wären, wie bei der Il-62. Am Ende entschied man sich für einen Rumpfdurchmesser von 3,8 Metern und eine Kapazität von 109 Passagieren in Zwei-Klassen-Konfiguration oder 141 Passagieren in enger All-Economy-Bestuhlung. Man entschied sich für drei Kusnetzow NK-8-Turbotriebwerke, wobei das zweite Triebwerk durch einen S-förmigen Einlass über dem hinteren Rumpf gespeist wurde, wie man es von der Hawker Siddeley Trident und der Boeing 727 kannte. Am 24. August 1965 beauftragte der sowjetische Ministerrat das Tupolew Konstruktionsbüro mit dem Bau des neuen Flugzeugs (nachdem man sich gegen einen ähnlichen Entwurf aus dem Hause Iljuschin, der unter dem Namen Il-72 lief, entschieden hatte). Mit dieser Wahl entschied man sich für die Verwendung der neusten verfügbaren Technologien. Der große Flügel (180 Quadratmeter im Vergleich zu 145 Quadratmetern bei der Boeing 727) ermöglichte das Erreichen großer Reiseflughöhen von bis zu 12.000 Metern bei sehr geringem Treibstoffverbrauch sowie die Reduzierung der Anfluggeschwindigkeit auf bis zu 180 km/h. Ein hohes Schub-Gewichts-Verhältnis sorgte für eine hervorragende Leistung auf Flugplätzen mit kurzen Start- und Landebahnen (rund 1.500 Meter Pistenlänge reichten), auch auf heißen und hohen Flugplätzen kam

Die allererste Tu-154, Prototyp CCCP-85000, aufgenommen in Le Bourget am 6. Juni 1969. **Jacques Barbé**

die Tu-154 gut zurecht.

Die Passagierbestuhlung war flexibel - Schienen am Boden ermöglichten einen schnellen Umbau. Die letzte Sitzreihe konnte durch einen Einbauschrank für Wintermäntel oder Gepäck ersetzt werden. Der Bau des Prototyps erstreckte sich fast über das ganze Jahr 1968. Nach der Fertigstellung im Werk in Moskau und statischen Tests der Systeme wurde er zerlegt und per Lastwagen zum Testgelände in Schukowski transportiert, wo er unter der Kennung CCCP-85000 registriert und für seinen Erstflug vorbereitet wurde.

Am 3. Oktober 1968 hob das neue Flugzeug unter dem Kommando von Kapitän Suchow zum ersten Mal ab. Das sehr umfangreiche Testprogramm (begleitet von ganz neuen Zertifizierungsanforderungen und Vorschriften seitens der Behörden) dauerte von Dezember 1968 bis Januar 1971, die eigentliche Zulassungsphase dann noch einmal von Juni bis Dezember 1971. Anfang 1969 wurden die Testflüge unterbrochen, um das internationale Debüt des Typs auf der 27. Pariser Luftfahrtausstellung vorzubereiten, wofür man eine richtige Passagierkabine bauen wollte. Verkleidungen, Teppich, Sitze und Gepäckablagen wurden eingebaut, und am 25. Mai fand der 43. Flug der CCCP-85000 nach Le Bourget statt, wo die internationale Luftfahrtgemeinde schon neugierig wartete. Die Kabine und das Cockpit waren zur Besichtigung freigegeben und die Reaktionen waren im großen und ganzen positiv.

Für die Serienproduktion wurde das Werk Nr. 18 in Kuibyschew (später wurde die Millionenstadt in Samara umbenannt) ausgewählt. Die an der Wolga gelegene Stadt ist ein Zentrum der Luft- und Raumfahrt, in dem das Werk Nr. 18 nur ein Teil eines ganzen Technologieclusters war, zu dem auch das wichtige Staatliche Flugzeugwerk Nr. 1 gehörte, in dem die Iljuschin Il-2 und Il-10 Kriegsflugzeuge, nach dem Krieg MiG-15-Kampfflugzeuge gebaut wurden. Nur in Südkalifornien gab es mit Lockheed, McDonnell Douglas, Honeywell, General Dynamics, Northrop-Grumman eine ähnliche Anhäufung von Luft- und Raumfahrtfirmen wie in Kuibyschew.

Die ersten Vorserien-Tu-154 mit den Kennzeichen CCCP-85001, 85002, 85003 und 85004 liefen Ende 1969 vom Band, um direkt danach am Testprogramm teilzunehmen. Die 001 und 002 wurden zur Erprobung des Flugverhaltens bei hohen Anstellwinkeln sowie für Überzieh- und Trudeltests eingesetzt, die nach einer Reihe von Abstürzen in den Anfangstagen der Tu-104 höchste Priorität hatten. Die 002 war mit einem speziellen Fallschirm anstelle der APU (Auxiliary Power Unit) ausgestattet, was bedeutete, dass sie zum Starten der Triebwerke auf Bodenstrom angewiesen war. Außerdem war sie mit einer Notausstiegsluke für den Fall ausgestattet, dass sie sich aus dem Trudeln nicht abfangen ließ.

Im weiteren Verlauf des Testprogramms wurde die Klappensteuerung modifiziert, die Triebwerke optimiert, und die Zugänge für das Wartungspersonal wurden wo möglich verbessert. Auch die Kabinenausstattung wurde in einigen Punkten verändert, doch im großen und ganzen erfüllte oder übertraf die Tu-154 die Erwartungen. Die ersten sechs Vorserienmaschinen wurden Ende 1970 nach Moskau-Wnukowo geliefert, wo weitere Tests und die Ausbildung der ersten Besatzungen stattfinden sollte. Im Mai 1971 starteten die ersten Erprobungsflüge mit Fracht und Post nach Tiflis, Simferopol, Sotschi und Mineralnyje Vody. Am 5. Februar 1972 unterzeichnete der Minister für Zivilluftfahrt, Boris Bugajew, die Freigabe der Tu-154 für den Passagierverkehr.

Tu-154 im Vorbeiflug. Lew Polikaschin

Der erste kommerzielle Passagierflug fand am 9. Februar (dem 49. Geburtstag von Aeroflot) von Moskau-Wnukowo nach Mineralnyje Vody statt, durchgeführt von der CCCP-85016. Auf der Pressekonferenz vor dem Flug verkündete Testpilot Gregori Nikiforow vor der Presse: „Die Tu-154 ist ein Unterschallflugzeug, aber sie gibt einem wirklich das Gefühl, man könnte mit Überschall fliegen, so groß sind ihre Leistungsreserven und so raffiniert ist ihre Aerodynamik.“ Der erste internationale Linienflug der

Die CCCP-85012 war eine der ersten Tu-154, 1971 in Dienst und im April 1994 außer Dienst gestellt. **Guy Viselé**

Tu-154-Action am Flughafen Tjumen in den 1980er Jahren. **Valentin Grebnew** Transport-Photo Images

Tu-154 wurde am 2. April 1972 mit der CCCP-85201 von Moskau nach Berlin-Schönefeld durchgeführt, gefolgt von der Strecke nach Prag am 1. August.

Die Produktion in Kuibyschew wurde hochgefahren: 1971 wurden 12 Maschinen hergestellt, im darauffolgenden Jahr erneut 12, 1973 18, 1974 37 und 1975 schon 42 - eine Steigerung von einer Maschine pro Monat auf fast eine in der Woche Woche. Wie bei der Tu-134 war der erste Exportkunde die Balkan Bulgarian Airlines, im Mai 1972 wurden die LZ-BTA und BTB nach Sofia geliefert, gefolgt von der -BTC im März 1973. Malev aus Ungarn wurde der zweite Kunde im Ausland, der drei Tu-154 erhielt, beginnend mit der HA-LCA, die am 13. September 1973 von Budapest aus den Dienst nach Moskau aufnahm.

Piloten aus dem In- und Ausland wurden an der Höheren Zivilluftfahrtschule in Uljanowsk ausgebildet. Erst nach mehreren Jahren des Flugzeugs im Einsatz wurde der erste Simulator geliefert. Bis dahin fand die komplette Ausbildung auf dem echten Flugzeug statt.

Die Einführung der Tu-154 auf dem Streckennetz der Aeroflot zeigte schnell, dass das Flugzeug so vielseitig war, wie man es sich erhofft hatte. Sie glänzte auf der Rennstrecke von Moskau nach Leningrad, wo sich ihre große Kapazität gut nutzen ließ. Auf der Route von Moskau nach Mirny zahlte sich ihre große Reichweite aus (mit 5.230 Kilometern entsprach die Strecke einem Flug von London nach Montreal). Ab Leningrad ersetzte die Tu-154 die Tu-104 auf Strecken nach Stockholm und Oslo. Von Moskau aus ging es nach Marseille, Mailand, Aden (mit Zwischenlandung in Athen) oder Kairo. Von Chabarowsk aus wurden Flüge nach Niigata in Japan und in die nordkoreanische Hauptstadt Pjöngjang aufgelegt. Nach der Produktion von 42 Tu-154 der Basisversion stellte Kusnezow das verbesserte NK-8-Triebwerk vor, das in die neue Version Tu-154A eingebaut werden sollte. Von dieser wurden 50 Stück gebaut. Durch den stärkeren Schub erhöhte sich das maximale Startgewicht um zwei Tonnen auf 94 Tonnen und die maximale Zuladung auf 18 Tonnen. Am Flügelkasten wurde ein zusätzlicher Kraftstofftank angebracht, der die Flugstabilität verbesserte und eine größere Reichweite ermöglichte - oder das Mitführen von Sprit für Flüge zu Orten, wo es keine Tankmöglichkeit gab. Zu den weiteren Modifikationen gehörten vereinfachte Klappen- und Vorflügelsteuerungen (die allerdings noch für einige Zeit recht fehleranfällig blieben), neue Stoßdämpfer am

Eine Tu-154 mit Baujahr 1981 auf dem Flughafen Duschanbe. Auch nach dem Zusammenbruch der Sowjetunion blieb sie hier stationiert und flog bis 2007 für Tajik Air. **Valentin Grebnew** Transport-Photo Images

Hauptfahrwerk und eine dickere Verkleidung an der Vorderkante des oberen Seitenleitwerks, in der nun die Funkantenne untergebracht wurde.

Die Eigenschaften des V95-Aluminiums, das für die Flügelstruktur verwendet wurde, waren zu jener Zeit noch nicht komplett erforscht. Und obwohl seine Flexibilität dem Flugzeug ein sehr ruhiges Flugverhalten verlieh, traten immer wieder Ermüdungsrisse auf. Tupolew hatte keine andere Wahl, als eine neue Flügelstruktur aus steiferem D16-Duraluminium zu entwickeln. Die neuen Flügelsätze wurden auch bei älteren Maschinen nachgerüstet. Zwei wichtige Änderungen wurden an den Steuerflächen vorgenommen: Die Querruder wurden verkürzt und endeten nun zwei Meter vor den Flügelspitzen, die Spannweite der Störklappen wurde vergrößert, um sie an die Spannweite der Hinterkantenklappen anzupassen. Dadurch wurden die Rollkräfte näher an die Mittellinie des Flugzeugs verlagert, was die Biegung der Flügel reduzierte. Die neuen Flügel machten aus einer Tu-154A eine Tu-154B und schon bald gab es durch Umrüstungen keine Tu-154A mehr im aktiven Dienst. Die erste Tu-154B wurde am 1. Oktober 1975 auf Inlandsstrecken in Dienst gestellt, gefolgt vom ersten internationalen Flug, der am 30. Dezember von Leningrad nach London führte. Die Tu-154B-1 war eine Untervariante mit einigen geringfügigen Änderungen der Innenausstattung und einem zusätzlichen Passagierfenster; 64 B-1 wurden gebaut, beginnend mit der CCCP-85231 am 1. September 1977. Die Tu-154B-2 folgte mit der CCCP-85295 im September 1978 und wurde zur dominierenden Version der Tu-154B, von der 311 Exemplare in Kuibyschew vom Band liefen, darunter auch mehrere Maschinen in VIP-Ausführung. Malev mietete 1975 gleich drei Tu-154B von Aeroflot, während die drei eigenen Maschinen mit neuen Tragflächen ausgestattet wurden. Eine der geleasten Aeroflot-Maschinen stürzte am 9. September 1975 bei der Landung im kriegsgebeutelten Beirut in libanesischen Hoheitsgewässern ab - ein Unfall, der bis heute ungeklärt ist: Die Behörden wollen sich „aus Gründen, die nichts mit dem Absturz zu tun haben", nicht zu den Untersuchungsergebnissen äußern, und Fragen, die erst im Januar 2009 an die Europäische Union gestellt wurden, blieben unbeantwortet; es wird ein Abschuss vermutet, da sich auf dem Flug Personen oder Fracht befanden, die mit dem libanesischen Bürgerkrieg in Verbindung standen.

Die CCCP-85012, die zwölftgebaute Tu-154, wurde 1994 in Irkutsk verschrottet. Hier sieht man sie im Mai 1973 in Le Bourget. **Jacques Barbé**

Ende der 1970er Jahre kamen neun Tu-154B-2 zu Malev und blieben bis zur Jahrhundertwende, wobei einige zu Frachtflugzeugen umgerüstet wurden, bei denen die Fracht für das Hauptdeck durch die Passagiertüren an Bord geladen wurde.

Rumänien war ein recht ehrgeiziges Land, was den Flugzeugbau anging. Immerhin wurden dort britische BAC-111 unter Lizenz gefertigt. Die rumänische Fluggesellschaft TAROM erhielt im Juni 1976 die erste von 12 Tu-154B, die in einer Zweiklassenkonfiguration mit zehn Sitzen in der ersten Klasse und 135 Sitzen in der Economy Class oder 164 Sitzen in der Economy Class betrieben wurde. Eine Maschine wurde als VIP-Flugzeug für den Präsidenten eingesetzt (die YR-TPJ).

Noch während die Tu-154B-Varianten sich etablierten, wurden schon Pläne für eine weitere Überarbeitung geschmiedet. Diese sollten mit Solowjow D-30-Triebwerken fliegen, wie sie für die Iljuschin Il-62M entwickelt worden waren und über ein modernes Zweischalen-Umkehrschubsystem verfügen. Diese Neuerungen machten eine Reihe weiterer Änderungen notwendig, darunter ein völlig erneuerter Rumpf hinter dem hinteren Druckschott, um das mittlere (größere) D-30-Triebwerk unterzubringen. Die Triebwerke Nummer eins und drei wurden an der Seite des Rumpfes höher positioniert, um die Schublinie anzuheben. Der Übergang zwischen Flügel und Rumpf wurde stromlinienförmig gestaltet, was eine Änderung der Form der Hinterkantenklappen erforderte. Neue Vorflügel fanden sich nun entlang des gesamten Flügels. Auch die Fläche des Höhenleitwerks wurde vergrößert. Die Hilfsturbine wurde von ihrer ursprünglichen Position am Fuß des Seitenruders in einen Schacht unter dem Einlass des zweiten Triebwerks verlegt. Wie es in der Sowjetunion üblich war, wurde diese zweite Generation eines Flugzeugtyps als Tu-154M bezeichnet.

Der erste Tu-154M-Prototyp wurde aus einer Tu-154B-2, der CCCP-85317, umgebaut und absolvierte seinen Erstflug Anfang 1980 von Kuibyschew aus, Die staatlichen Abnahmeflüge fanden zwischen dem 1. Juni und dem 14. August 1981 statt.

Etwa zur gleichen Zeit beschlossen die Behörden und Aeroflot, dass Ende der 1980er Jahre 200 Tu-154B-2 mit relativ geringem Zeitaufwand auf

Die LZ-BTM verbrachte ihr ganzes Leben bei Balkan in Bulgarien, ausgeliefert im Mai 1977 und 1996 in Sofia verschrottet Hier sieht man sie bei der Landung in London Heathrow im Jahr 1982. **Richard Vandervord**

den Tu-154M-Standard umgerüstet werden sollten. Ein entsprechendes Umrüstungsset wurde entwickelt. Bald darauf wurde der Plan jedoch wieder geändert, da man feststellte, dass die verfügbaren Ressourcen besser genutzt würden, wenn man stattdessen mehr neue Tu-154M bauen und die Tu-154B unverändert weiterfliegen ließe. Tatsächlich wurden die ältesten Tu-154 der Regierung und des Militärs sowie die neueren B-Modelle jahrelang mit reduziertem Kabinendruck geflogen, um die strukturelle Lebensdauer dieser Maschinen zu verlängern. Vier Jahre nach dem ersten Testflug der Tu-154M mit der CCCP-85317 hob am 16. Juli 1984 endlich die erste „echte" Tu-154M, praktisch der zweite Prototyp, ab. Noch im selben Jahr wurden drei weitere Flugzeuge produziert, hauptsächlich für das Testprogramm, im Januar 1985 begann die Serienproduktion.

Die Aeroflot-Basis auf dem Moskauer Flughafen Wnukowo war die erste, die die neueste Tupolew erhielt, und Balkan Bulgarian Airlines war wieder mal die erste ausländische Fluggesellschaft, die eine Tu-154M in Empfang nahm. Der Einstieg in den Liniendienst verlief ohne Zwischenfälle, und die höhere Effizienz und der geringere Treibstoffverbrauch machten sich schnell bemerkbar (die M-Version verbrauchte bis zu 1.000 Kilogramm weniger Treibstoff pro Stunde als die B). Der einzige Rückschritt war, dass die D-30-Triebwerke rußiger waren als die NK-8-Triebwerke. Später, in den neunziger Jahren, als die Tu-154M nach dem Zusammenbruch der Sowjetunion in den Händen Dutzender „Babyflots" landeten, verwendeten viele Fluggesellschaften dunklere Farben, um die Rußablagerungen zu verbergen, die sich aufgrund des Umkehrschubs am hinteren Rumpf bildete. Die bulgarische Balkan betrieb im Laufe der Jahre 25 eigene und 22 gemietete Tu-154. Obwohl die Airline in den 1990er Jahren modernere Boeing 737 und 767 erwarb, blieb die Tu-154 bis zum Verkauf an einen israelischen Investor (unter dessen Führung sie dann bankrott ging) wichtiger Teil der Flotte. Es gab noch einige weitere Fluggesellschaften, die erst relativ spät dem „Tu-154-Club" beitraten, als mit der M-Version eine leistungsstarke Variante verfügbar war. Die polnische LOT hatte bisher für Kurz- und Mittelstrecken auf die Tu-134 und Il-18 gesetzt, die Langstrecken nach Nordamerika wurden von Il-62 geflogen. Mitte der 1980er Jahre benötigte man dringend

Die RA-85595 war eine der letzten gebauten Tu-154B-2. 1984 wurde sie an Aeroflot ausgeliefert und flog danach bei Orenair und UTAir.
Chris Doggett

Die RA-85508 der Ural Airlines rollt in Jekaterinburg zum Start. **Richard Vandervord**

zusätzliche Kapazität und mietete ab Mai 1985 zunächst drei Tu-154B-2 von Aeroflot. Die erste (von 14) eigenen Tu-154M war die SP-LCA, die am 27. Mai 1986 abgeliefert wurde. Die letzte Maschine, die zur Auslieferung kam war im Januar 1991 die SP-LCO. Zu diesem Zeitpunkt hatte man bereits die ersten Boeing-Flugzeuge übernommen, Boeing 767-200 und -300 sowie Boeing 737. Der letzte Einsatz der Tu-154 bei LOT erfolgte am 15. August 1994. Die meisten der sehr jungen Maschinen konnten anschließend nach Russland weiterverkauft werden, lediglich zwei verblieben in Polen und bildeten das Rückgrat der Regierungsflotte. Eine der beiden, inzwischen als 101 registriert, machte weltweit Schlagzeilen, als sie am Morgen des 10. April 2010 bei Smolensk im dichten Nebel abstürzte. Alle 96 Passagiere an Bord, darunter der polnische Präsident, seine Frau sowie zahlreiche hochrangige Politiker und Militärs, kamen um. Nach wie vor umranken viele Gerüchte und Mythen diesen Absturz. Der zahlenmäßig schlimmste Unfall mit einer Tu-154 ereignete sich am 10. Juli 1985, als eine Tu-154B-2 in Usbekistan nach einem Strömungsabriß abstürzte. 191 Passagiere und neun Besatzungsmitglieder kamen dabei um. Auch die tschechoslowakische CSA war ein Nachzügler unter den Tu-154-Betreibern. Erst Anfang 1988 erhielt sie die erste von sieben Tu-154. Nach nur wenigen Jahren wurde der Typ im Liniendienst durch neuere Boeing 737 abgelöst, aber aufgrund der recht hohen Kapazität ließ sich die Tu-154 gut auf Charterflügen rings ums Mittelmeer einsetzen. Der allerletzte Einsatz einer Tu-154 für CSA war am 10 Januar 2000 ein Flug von Istanbul nach Prag. Auch die Regierung des Landes betrieb vier Tu-154B-2 und drei Tu-154M.

Interessanterweise betrieb die ostdeutsche Interflug nie selbst die Tu-154 und schien zufrieden mit ihrer Flotte aus Tu-134, Il-18 und Il-62. Dennoch gab es

Postkarte einer Tu-154B vor dem Terminal von Jerewan in Armenien.

Tu-154-Parade. **Guy Viselé**

zwei Tu-154, die Interflug-Farben trugen. Sie wurden von der Regierung der DDR als VIP-Maschinen betrieben und trugen die Farben der Interflug gewissermaßen als Tarnung. Nach dem Fall der Berliner Mauer kamen sie bei der deutschen Luftwaffe zum Einsatz, ehe eine der beiden am 13. September 1997 bei einer tragischen Kollision mit einer C-141B der US Air Force über dem Südatlantik verloren ging.

Die Tu-154 wurde ein ziemlicher Exportschlager: für Nordkoreas Air Koryo (damals noch bekannt als Choson Minhang) waren vier Tu-154As (später auf B-Standard mit neuen Flügeln und Triebwerken umgebaut) die allerersten Jets in der Flotte, die die Il-18 z.B. auf dem langen Flug nach Moskau ersetzte. Noch heute sind zwei Tu-154 bei der nordkoreanischen Flugline in Betrieb, wenn auch nur sporadisch. Die südjemenitische Fluggesellschaft Alyemda kaufte 1981 ihre erste Tu-154, 1989 kam eine zweite hinzu. Sie kamen bis nach Europa zum Einsatz. Bakhtar Afghan Airlines (später Ariana Afghan) kaufte 1987 zwei Maschinen frisch ab Werk. Auch eine Reihe chinesischer Airlines betrieb die 154, insgesamt eine Flotte von 36 Flugzeugen, die bei CAAC, Air Great Wall, China Northwest Airlines, China Southwest Airlines, China Xinjiang Airlines, Sichuan Airlines und China United Airlines. Cubana betrieb neun Tu-154 ab ihrer Basis Havanna. Auch im kleinen Guyana landete der Typ: zunächst gemietete Maschinen von der rumänischen TAROM, später eine eigene Tu-154. Die pakistanische Fluggesellschaft PIA leaste ab 1996 drei Flugzeuge von einem usbekischen Eigentümer für Flüge nach Saudi-Arabien, weitere sieben landeten zwischen 1999 und 2005 bei der privaten pakistanischen Fluggesellschaft Shaheen Air International. In der Türkei landeten drei Tu-154, zunächst bei der Charterairline Greenair, danach beim kurzlebigen Nachfolger Active Air. Auch in den abgelegensten Orten der Welt tauchten vereinzelt Tu-154 auf, so in Ruanda, wo es eine einzelne Maschine gab (mit der Registrierung 9XR-DU) oder der Zentralafrikanischen Republik (die TL-ACF). Auch die äthiopische Luftwaffe betrieb eine einzelne Maschine mit der militärischen

Heute fliegt die P-552 immer noch bei Air Koryo in Nordkorea. Hier zu sehen im Jahr 2016 bei der Landung in Wladiwostok. **Oleg Ivantschenko**

Kennung 1061, die auf dem abgelegenen Flugplatz von Debre Zeyit außer Dienst gestellt wurde.

Egypt Air bestellte acht Tu-154A, die erste Auslieferung fand im Dezember 1973 statt. Der Leiter der ägyptischen Luftfahrtbehörde, Gamal Erfun, äußerte sich jedoch sehr kritisch über das geplante neue Muster, das seiner Meinung nach teurer zu betreiben wäre als die Boeing 707, die man schon in der Flotte hatte und ansonsten wenige Vorteile bot. Bevor eine endgültige Entscheidung über die Zukunft des Typs bei der Fluggesellschaft getroffen werden konnte, stürzte die SU-AXO am 10. Juli 1974 bei einem Trainingsflug in der Nähe des Flughafens von Kairo ab, tötete sechs Piloten und beendete das kurze Gastspiel des Typs in Ägypten vorzeitig. Syrianair machte positivere Erfahrungen mit der Tu-154 und flog zwischen 1985 und 1998 drei Tu-154M von Damaskus aus, hauptsächlich nach Moskau, Athen und zum Persischen Golf (interessanterweise gemeinsam mit einer Flotte von drei Boeing 727). Air Somalia betrieb 2001 eine Tu-154B-2 von Sharjah aus in die vom Krieg zerstörte Hauptstadt Mogadischu. Im Nahen Osten landeten die mit Abstand meisten Tu-154 im Iran. Aufgrund von Wirtschaftssanktionen durften die Fluggesellschaften des Landes keine Flugzeuge aus dem Westen kaufen. Eine Flotte von Boeing 727 und 747 (alle vor der Revolution ins Land gekommen) wurde immer älter und musste dringend ersetzt werden. Die Bevölkerung des Landes und die Nachfrage nach Flügen wuchs und wuchs. Da iranische Airlines an keine westlichen Flugzeuge herankamen, waren russische Maschinen die einzige Alternative, und hier insbesondere die Tu-154, die ausreichend Kapazität bot und in großer Zahl verfügbar war. Anfang der 2000er Jahre war die Tu-154 auf dem Flughafen von Teheran wahrscheinlich genauso oft anzutreffen wie in Moskau. Meist wurden die Flugzeuge samt Cockpitbesatzungen in den Ländern der ehemaligen Sowjetunion gemietet (das Kabinenpersonal war in der Regel iranisch). Die Flugzeuge waren, wenn überhaupt, nur provisorisch umbemalt, oft wurden lediglich neue Titel angebracht. Aria Air, Caspian Airlines, Kish Air, Eram Air, Zagros Airlines, Taban Air, Mahan Air und Qeshm Airlines gehörten zu den persischen Betreibern der Tu-154. Ganz klar führend war hier jedoch die Tochtergesellschaft von Iran Air, Iran Air Tours, die im Laufe der Jahre 81 verschiedene Tu-154 betrieb.

Leider war die Tu-154 im Iran in einige schwere Unfälle mit zahlreichen Toten verwickelt. Allein Iran Air Tours hatte den Verlust von gleich drei Flugzeugen

Die Tu-154B 552 wurde 1976 nach Nordkorea ausgeliefert. Hier sieht man sie 1976 in Stockholm. **Jacques Barbé**

Ein Paar Balkan Tu-154B wartet auf den nächsten Einsatz. **Mark J Nutter**

Die RA-85687 wurde im Dezember 1990 an Aeroflot ausgeliefert und flog später bei S7 und Iran Air Tours. 2013 wurde sie in Mineralnyje Vody verschrottet. **Richard Vandervord**

mit insgesamt 278 Toten zu beklagen. Taban Air verlor ein Flugzeug auf dem Flughafen von Maschhad und der Absturz von Caspian Airlines Flug 7908 mit 168 Toten war der zahlenmäßig zweitschlimmste Absturz des Jahres 2009. Diese Häufung von Abstürzen führte zu sehr großen Vorbehalten der Reisenden gegenüber Tupolew Flugzeugen und diesmal hatten sie tatsächlich die Statistik auf ihrer Seite. Zehn Prozent aller Tu-154-Unfälle ereigneten sich im Iran. Es gab Anschuldigungen, dass russische Fluggesellschaften die Gelegenheit nutzten, ihre ältesten Maschinen und schlechtesten Crews im Iran profitabel zu beschäftigen. Diese waren wohl unbegründet, aber es besteht kein Zweifel daran, dass die iranischen Behörden mit der Zertifizierung und Überwachung dieser großen Anzahl von Flugzeugen und Besatzungen, die plötzlich ins Land kamen, überfordert waren. Die Crews und Mechaniker sprachen oft nur russisch, ebenso waren Handbücher und Dokumente alle nur in russischer Sprache verfasst. Im Februar 2011 wurde die Tu-154, deren Verdienst es immerhin war, eine wichtige Kapazitätslücke zu schließen, von den iranischen Fluggesellschaften aus dem Verkehr gezogen. Durch den Abschluss eines Atomvertrags zwischen dem Iran und „dem Rest der Welt“ öffnete sich plötzlich ein kleines Zeitfenster, in dem iranische Airlines fabrikneue Maschinen im Westen zumindest bestellen, teilweise sogar übernehmen konnten. Dieses Fenster schloß sich sehr schnell wieder, da vor allem die USA unter Donald Trump kein Interesse an einem Fortbestand des Deals hatten. Und so gelangen auch heute wieder gebrauchte Flugzeuge meist über dubiose Zwischenhändler in den Iran, auch wenn keine Tu-154 mehr darunter sind.

Als die Sowjetunion Ende der 1980er Jahre zerfiel, wurde Kuibyschew in Samara umbenannt, das Werk Nr. 18 wurde privatisiert und in AVI.S Joint Stock Company, später Aviacor, umbenannt. Die Produktion der Tu-154M lief in der ersten Hälfte der 1990er Jahre ganz normal weiter, auch wenn es Pläne gab, sie mit der zweimotorigen zu ersetzen. Obwohl die Tu-204 tatsächlich in Produktion ging (und zwar an zwei verschiedenen Standorten - im Aviastar-Werk in Uljanowsk und bei KAPO in Kasan), blieben die tatsächlichen Stückzahlen verschwindend gering und überstiegen nur 1993 (fünf), 2008 (zehn), 2009 (sechs) und 2011 (fünf) die Zahl von fünf Flugzeugen pro Jahr, was einer Gesamtzahl von 63 Tu-204 in 28 Jahren entspricht. In den meisten Jahren wurden nur ein oder zwei Maschinen fertiggestellt.

Da noch offene Bestellungen für die Tu-154 vorlagen und es einfacher war, diese einfach weiterzuproduzieren ansatt auf die teurere und technisch anspruchsvollere Tu-204 umzusteigen, liefen 1990, 1991, 1992 und 1993 noch jeweils fast 40 Flugzeuge pro Jahr vom Band. Erst 1994 verlangsamte sich die Produktion, zunächst auf sieben Maschinen pro Jahr, danach nur noch auf eine Handvoll; 1998 war mit fünf Maschinen das letzte Jahr mit ernstzunehmender Produktion. Auf den letzten Maschinen wurden noch eine verbesserte Avionik mit Flugmanagement-System, einem Bodennäherungswarnsystem (GPWS) und einem Anti-Kollisions-System (TCAS), sowie einer modernisierten Kabine mit größeren Gepäckfächern ausgeliefert. Von dieser als Tu-154M-100 bezeichneten Version wurden 1998 drei Stück an Slovak Airlines ausgeliefert. 2003 wurden sie an russische Airlines weiterverkauft. Noch bis 2005 wurde immer mal wieder eine einzelne Tu-154M aus übrig gebliebenen Rümpfen und Flügelsätzen gebaut, gefolgt von einer allerletzten Maschine, die am 19. Februar 2013 an das russische Verteidigungsministerium geliefert wurde.

Mehr als 40 Tu-154 wurden an die Luftstreitkräfte der Sowjetunion geliefert und in der postsowjetischen Zeit von verschiedenen Teilen des russischen Militärs eingesetzt, so der Luftwaffe, dem Innenministerium, der Marine und der staatlichen russischen Transportgesellschaft (die später in Rossiya Airlines umbenannt wurde, da einige ihrer Aktivitäten kommerziell waren).

Die Produktion der Tu-154 lässt sich in zwei ähnlich große Abschnitte unterteilen: der erste umfasst die Basisversion sowie die Tu-154A, B und B-2, der zweite Abschnitt die Produktion der M-Variante. Es gab noch eine Reihe anderer Varianten, wie z.B. die Tu-154S, eine Frachtversion mit einer großen Ladeluke auf der linken

Die 0601 der tschechischen Luftwaffe vor dem Lackieren. **Tom Singfield**

Nach drei Jahren bei Aeroflot und einem Jahrzehnt bei Rossiya landete die EY-85651 bei Aviacon Zitotrans, Tajik Air und danach Taban Air im Iran. Hier sieht man sie bei der Landung in Dubai. **Guy Viselé**

1986 an CAAC ausgeliefert flog diese Maschine später bei China Northwest, Donbassaero in der Ukraine und Qeshm Air im Iran. Danach landete sie bei Donavia und wurde in Rostow am Don verschrottet. **Bruno Geiger**

Caspian Airlines Tu-154 EP-CPG auf dem Flughafen Teheran Imam Khomeini, 56 Tage vor dem tragischen Absturz auf dem Weg nach Jerewan, bei dem alle 168 Insassen ihr Leben verloren. **Guy Van Herbruggen**

Rumpfseite, flexibel einsetzbar als Passagier- oder Frachtmaschine. Neun Flugzeuge wurden zur Tu-154S umgebaut und die meisten von ihnen von den Aeroflot-Basen in Chabarowsk und Duschanbe aus eingesetzt.

Die Tu-154 spielte auch eine wichtige Rolle im sowjetischen Raumfahrtprogramm. Aus dem sowjetische Projekt zum Bau eines wiederverwendbaren Raumtransporters entstand in den 1970er Jahren das Raumschiff Buran („Schneesturm"). Im Gegensatz zum Space Shuttle sollte die Buran vollautomatisch landen können. Drei Tu-154B wurden zu fliegenden Avionik-Prüfständen und Kosmonauten-Trainern mit einem Buran-Pilotenarbeitsplatz umgebaut, der die Instrumente und Bedienelemente des ersten Offiziers ersetzte, darüberhinaus waren sie mit einem kompletten Buran-Cockpit in der vorderen Passagierkabine ausgerüstet. Diese Maschinen wurden als Tu-154LL (für Flying Laboratory) bezeichnet. Bei fast 300 Flügen wurden 16 verschiedene automatische Landesysteme getestet. Die Buran führte am 15. November 1988 erfolgreich den ersten vollautomatischen Start ins All mit anschließender Rückkehr zur Erde durch. Andere Tu-154LL wurden zur Erprobung der laminaren Strömung eingesetzt und als Tu-154LL-ULO bezeichnet. Ein weiteres Testbett war die Tu-154LL-FACT, mit der neue Kontrollsysteme und Head-up-Displays erprobt wurden.

Taban Air Flug 6437 endete ohne Todesopfer auf dem Flughafen Maschhad und läutete das Ende der Tu-154 im Iran ein. **IRNA**

Eine S7 Tu-154 wird im Aviacor Werk in Samara, wo sie auch gebaut wurde, einem Check unterzogen. **Aviacor**

Belavia Tu-154M auf dem Flughafen Minsk vor gar nicht allzu langer Zeit, im Juni 2014. **Simon De Rudder**

Leitwerkparade verschieden bemalter Sibir / S7 Tu-154. **Leonid Faerberg** Transport-Photo Images

In Pakistan wurde die Tu-154 ein ziemlicher Erfolg und flog z.B. bei PIA. **Colin Ballantine via Tom Singfield**

Syrianair verwendete eine ganze Reihe sowjetischer Flugzeuge, so diese Tu-154 YI-AIA, aufgenommen in Athen im Juni 1985. **Richard Vandervord**

Die wohl radikalste Weiterentwicklung war die Tu-155, die zumindest zum Teil mit Wasserstoff oder Erdgas angetrieben wurde. Der starke Anstieg der Energiepreise in den 1970er Jahren führte zur ernsthaften Erforschung alternativer Kraftstoffe. Besonders Erdgas war in der Sowjetunion fast unerschöpflich vorhanden. Es hat eine 15 % höhere Energiedichte, verursacht nur sehr geringe toxische Emissionen (kein Schwefel oder Schwefeloxid) und kann in verflüssigter Form als Kraftstoff verwendet werden. Verflüssigter Wasserstoff (LH2) kommt zwar nicht als Rohstoff auf der Erde vor, verfügt aber über die dreifache Energiedichte, verursacht keinerlei Emissionen und ist (zumindest theoretisch) vollständig erneuerbar.

Der Erstflug der Tu-155 fand am 15. April 1988 statt, teilweise angetrieben von flüssigem Wasserstoff; im Januar 1989 wurde erstmals flüssiges Erdgas als Treibstoff verwendet. Der entsprechende Tank ermöglichte eine Flugdauer von zwei Stunden, und die Leistung des Triebwerks war mit der eines herkömmlichen Triebwerks vergleichbar, das mit normalem Kerosin betrieben wurde. Die Tu-155 unternahm zwei Auslandsflüge - einen über Bratislava nach Nizza und einen zur ILA 1990 in Hannover, wo das Flugzeug der Star der Ausstellung war. Es wurde sogar ein Vertrag mit Airbus unterzeichnet, die Forschungsergebnisse für eine neue Version des Airbus A300 zu nutzen. Mit Auflösung der Sowjetunion wurden die Mittel knapp und das Forschungsprogramm weitgehend eingestellt. Der letzte öffentliche Auftritt der Tu-155 fand 1992 auf der MosAeroShow statt. Danach wurde das Flugzeug in Schukowski eingelagert, wo es bis heute verbleibt, nachdem es über 100 Testflüge absolviert und vierzehn Weltrekorde aufgestellt hat. Trotz seiner kurzen Verwendung hat es wichtige Erkenntnisse zur Herstellung, Lagerung und Verwendung alternativer Treibstoffe geliefert.

Die postsowjetische Aeroflot erbte 44 Tu-154. Sie leisteten in den 1990er Jahren und bis weit ins neue Jahrhundert gute Dienste, auch als die Fluggesellschaft längst Airbus- und Boeing Schmalrumpfflugzeuge übernommen hatte. Die spektakuläre neue Aeroflot-Lackierung, die stark auf Silber setzte, wurde zwar in Zusammenarbeit mit westlichen Branding-Agenturen

Eine Balkan Holidays Tu-154M vor dem abendlichen Abflug. **Mark J Nutter**

Cleared for takeoff. **Mark J Nutter**

Eine Tu-154 wird in Nowosibirsk betankt. **Gleb Osokin** Transport-Photo Images

Die Tu-155, fliegender Prüfstand für alternative Treibstoffe. **Bernie Leighton**

Eine Tu-154, die ihr gesamtes Leben von 1990 bis 2009 bei derselben Airline verbrachte, Aeroflot. **Guy Viselé**

und Airbus entwickelt, aber die größte Wirkung erzielte sie auf der Tu-154! Um das Kabineninnere auf ein zeitgemäßes Niveau zu hieven, wurde eine neue Zweiklassen-Innenausstattung mit 24 Sitzplätzen in der Business Class und 102 in der Economy Class entworfen. Das erste modernisierte Flugzeugzelle wurde am 31. Oktober 2000 am Flughafen Scheremetjewo vorgestellt. Selbst als die Tu-154 bei Aeroflot in die Jahre kam, wurden immer wieder billig erworbene Flugzeuge mit geringem Zeit- und Kostenaufwand in die Flotte aufgenommen, so dass die Tu-154 fast zehn Stunden pro Tag und Flugzeug ausgelastet war. Doch am Ende konnte auch der günstige Kaufpreis und die schier endlos verfügbaren Ersatzteile den hohen Treibstoffverbrauch und die schwindende öffentliche Akzeptanz des Typs bei den Passagieren nicht mindern. Der letzte von einer Tu-154 durchgeführte Aeroflot-Linienflug fand am 31. Dezember 2009 als SU736 von Jekaterinburg nach Moskau statt. Und damit ging für die russische Zivilluftfahrt wirklich eine Ära zu Ende.

Für die kleineren russischen Airlines blieb die Tu-154 noch weit über die 1990er Jahre hinaus das Rückgrat. Noch 2007 machte die Tu-154 ein Drittel aller Passagierflugzeuge im Land aus. In den ersten Jahren nach Ende der Sowjetunion waren Dutzende von Fluggesellschaften entstanden, viele davon kurzlebig und einigermaßen obskur (Aerovolga, Kogalymavia, Perm Airlines, Yamal Airlines), andere bekannter (KMV, Atlant-Soyuz, Bashkirian Airlines, Kras Air, Transaero, UTAir, Sibair, die später in S7 umbenannt wurde). Auch staatliche Institutionen wie die Flugschule in Uljanowsk, die über 13 Tu-154B verfügte, nutzten die Flugzeuge teilweise auf Charterflügen, um dringend benötigtes Kleingeld in die Kasse zu kriegen.

Im Laufe der Jahre konsolidierte sich die russische Airlineszene; einige Fluggesellschaften wuchsen enorm, viele verschwanden von der Bildfläche. Leider verschwanden mit ihnen auch die letzten Maschinen aus der Sowjetzeit. Heute ist in Russland keine einzige Tu-154 mehr im Passagierdienst. Der letzte Betreiber Alrosa hat die Tu-154M im Herbst 2020 außer Dienst gestellt. Wieder mal ist es die Air Koryo in Nordkorea, die noch zwei antike Tu-154B in flugfähigem Zustand hat und gelegentlich fliegt. Auch die russische Luftwaffe verfügt noch über zahlreiche Exemplare, die für Truppentransporte und andere staatliche Aufgaben eingesetzt werden.

Insgesamt wurden 923 Tu-154 gebaut, die größte Zahl unter allen in der Sowjetunion oder Russland gebauten Passagierjets. Rund die Hälfte aller Passagiere, die jemals mit Aeroflot geflogen sind (jahrzehntelang die größte Fluggesellschaft der Welt) waren mit der Tupolew Tu-154 unterwegs - eine unglaubliche Leistung, die den Typ in oberste Liga aller weltweit gebauten Passagierjets katapultiert.

Eine Gazpromavia Crew bei der Arbeit während des Sonnenaufgangs. **Artjom Kuschlew**

Die Tu-154 der slowakischen Regierung posiert für die Kamera. **Dietmar Schreiber**

Am 7. September 2010 erlitt diese Alrosa Tu-154M auf einem Flug von Poljarny nach Moskau den Verlust der kompletten Bordelektronik. Dadurch konnte auf einen Großteil des Kerosins an Bord nicht mehr zugegriffen werden, da die Pumpen ebenfalls betroffen waren. Die einzige Hoffnung lag im Erreichen des kleinen Flugplatzes von Ischma und seiner kurzen Landebahn. Nach zwei Low Passes, um den Zustand der Piste zu überprüfen, gelang tatsächlich die Landung, nach der alle Passagier das Flugzeug unverletzt verließen. **Artjom Kuschlew**

B. Korzin Transport-Photos Images

Jakowlew Jak-40 & -42

Die unbesungenen Helden

In den 1990er und 2000er Jahren kam es zu einer kleinen Revolution in der Airlinebranche, insbesondere in Nordamerika: den Regionaljets, die aus den von Canadair in Québec und Embraer in Brasilien entwickelten Geschäftsreiseflugzeugen hervorgingen. Für die Flugnetzplaner eröffneten sich ganz neue Möglichkeiten, die sich mit einer Boeing 737 oder einem Airbus A320 nur schwer realisieren ließen: von großen Drehkreuzen auch in kleine Märkte Flüge per Jet anzubieten oder aber auf etwas aufkommensstärkeren Strecken die Frequenzen derart zu erhöhen, dass man fast jeden Konkurrenten spielend überflügeln konnte und dessen Angebot unattraktiv machte.

Zu Beginn des Jetzeitalters gab es bereits einige Versuche in diese Richtung, vor allem von europäischen Flugzeugherstellern wie British Aerospace mit der BAe 146 (aus der sich der Avro Regional Jet entwickelte), der Fokker F-28 Fellowship (aus der die F-70 und F-100 hervorgingen) und der erfolglosen VFW-614 (von der trotz einer innovativen Triebwerksanordnung über dem Flügel, die den Lärm über dem Boden reduzierte, nur zehn Stück verkauft wurden). Die eigentliche Geburtsstätte des Regionaljets war jedoch unbestreitbar die Sowjetunion in den 1960er Jahren.

1. Jakowlew Jak-40

Das Konstruktionsbüro Jakowlew hatte bereits 1938 mit der sechssitzigen Jak-19, gefolgt von der Jak-8 und der Jak-16, Ambitionen, in den zivilen Flugzeugbau einzusteigen, jedoch ging keines dieser Flugzeuge in die Serienproduktion. Erst als die Tupolew Tu-104 und Tu-124 die Vorteile des Düsentriebwerks eindrucksvoll unter Beweis gestellt hatten, bot sich Jakowlew erneut eine Chance. Neben den großen Flughäfen, die von der Tu-104 angeflogen wurden, und kleineren Provinzflughäfen, die meist mit Il-18 Propellermaschinen bedient wurden, gab es in den elf Zeitzonen der Sowjetunion eine schier unendliche Zahl kleiner und abgelegener Siedlungen, die bisher mit den zuverlässigen aber langsamen und recht einfachen Lisunow-2 (in Lizenz gebaute Douglas DC-3), Iljuschin Il-12 und -14 oder sogar dem Doppeldecker

Jak-40 Treffen auf dem Flughafen Osch, 1. Oktober 1974.
Lew Polikaschin

Die CCCP-87351 auf der ILA in Hannover im Mai 1976. **Guy Viselé**

Antonow An-2 bedient wurden und die für die Bedienung mit einem deutlich kleineren Jet durchaus in Frage kamen.

Am 30. April 1965 verabschiedeten das Zentralkomitee der Kommunistischen Partei und der Ministerrat eine gemeinsame Richtlinie zur Entwicklung eines kleinen Düsenflugzeugs für den Betrieb auf kleinen und einfachen Flugplätzen, inklusive solchen mit Graspisten. Da eine der Spezifikationen eine Startbahnlänge von nur 700 Metern vorsah, wurden zunächst verschiedene Konfigurationen in Erwägung gezogen, darunter auch die Möglichkeit von senkrechtem Start und Landung (Vertical Take-Off and Landing, VTOL). Schließlich wurden jedoch drei Iwtschenko AI-25-Triebwerke mit einer Schubleistung von maximal 1,720 kgf um das Heck herum angeordnet, wobei jeweils ein Triebwerk auf beiden Seiten des hinteren Rumpfes angebracht und das mittlere Triebwerk in den hinteren Teil des Rumpfes integriert war und durch einen S-förmigen Einlass direkt unter dem Seitenleitwerk gespeist wurde, wie es zu jener Zeit oft üblich war, so z.B. bei der Tu-154, der Hawker Siddeley Trident und der Boeing 727. Dies würde sowohl ein beeindruckendes Schub-Gewicht-Verhältnis, das für die Operation auf kurzen Start- und Landebahnen erforderlich war, als

Zwei verschieden bemalte CSA Jak-40 auf dem Flughafen Prag im März 1990. **Tom Singfield**

Eine tschechische Jak-40LL als Testflugzeug. **Jozef Tóth**

auch ein hohes Maß an Redundanz im Falle eines Triebwerksausfalls bieten. Für den autonomen Betrieb auf schlecht ausgerüsteten Flugplätzen wurde eine AI-9-Hilfsturbine (APU) von Iwtschenko eingebaut, die für die Stromversorgung und Klimatisierung am Boden sowie für Druckluft zum Starten der Triebwerke sorgte.

Der erste Prototyp der Jak-40 mit dem NATO-Codenamen Codling wurde im Werk auf dem Moskauer Flughafen Chodynka in Handarbeit gebaut und erhielt die Sonderkennung CCCP-1966. Sie flog erstmals am 21. Oktober 1966 mit den Testpiloten Kolosow und Petrow am Steuer. Vier weitere Prototypen schlossen sich zügig dem Testprogramm an, ebenso wie die ersten drei Vorserienmaschinen, die im Luftfahrt-Werk Nr. 292 in Saratow an der Wolga im Südwesten Russlands vom Band liefen. Bei jedem weiteren Prototyp wurden Verbesserungen vorgenommen, wie der Einbau einer Wartungsklappe und eine spitzere Bugspitze ab der dritten Maschine. Die ersten drei Flugzeuge hatten eine Luke hinter dem Bugfahrwerk, aus der die Piloten im Notfall, z. B. bei nicht abfangbarem Trudeln, aus dem Flugzeug aussteigen konnten. Nach einem ziemlich ereignislosen Testprogramm wurde die Jak-40 Mitte 1968 zugelassen und absolvierte am 30. September seinen Erstflug für Aeroflot.

Im Laufe der Produktion ergaben sich weitere Änderungen an der Konstruktion, wie z. B. das Entfernen der Vorrichtung für einen Geschützstand an der Oberseite des Leitwerks und das Hinzufügen oder Entfernen von Passagierfenstern je nach Konfiguration. 1969 wurde das mittlere Triebwerk mit einer Schubumkehrklappe versehen, um die Landestrecke weiter zu verkürzen. Interessanterweise wurde dieser Teil des Triebwerks vom Konstruktionsbüro Jakowlew und nicht dem Triebwerkhersteller Iwtschenko entwickelt, da er als Teil des hinteren Rumpfes und nicht als Teil des Triebwerks

Die Passagierkabine einer Vologda Air Jak-40 auf dem Weg nach Moskau. **Simon De Rudder**

Eine seltene Luft-zu-Luft-Aufnahme einer Regierung-Jak-40 der Slowakei. **Dietmar Schreiber**

Aerobratsk führte mit einer Flotte von drei Jak-40 Charterflüge ab der Stadt des gleichen Namens durch. Diese hier wurde ursprünglich 1976 an Aeroflot ausgeliefert. **Artjom Kuschlew**

angesehen wurde. Bei Iwtschenko aber ruhte man sich nicht aus, die Schubleistung des etwas schwachen AI-25-Triebwerks wurde erhöht und mit all diesen Modifikationen konnte man auf dem Aérosalon von Paris 1971 die CCCP-87791 mit einer Passagierkabine von 40 Plätzen vorführen.

Aufgrund politischer Hürden und oft nicht kompatibler Zertifizierungs- und Betriebsunterlagen taten sich sowjetische Verkehrsflugzeuge außerhalb des sowjetischen Einflußbereichs sehr schwer und wurden selten zu Exportschlagern. Osteuropa, Kuba, Nordkorea, das waren die „logischen" Märkte, alles, was darüberhinausging, wäre eine ziemliche Sensation gewesen. Doch die Jak-40 bildete hier eine Ausnahme und fand weltweit eine recht beeindruckende Akzeptanz. Dies liegt zumindest zum Teil daran, dass Airlines mit ihr Jetservice auch in kleine Märkte anbieten konnte, hier war die Jak-40 eine echte Innovation und den Produkten der Konkurrenz um Jahrzehnte voraus. Eine einzige Jak-40E (für „Export") wurde als HA-YLR nach Ungarn geliefert, um dort als Vermessungs- und Kalibrationsflugzeug eingesetzt zu werden. 1971 wurden drei Jak-40EC (Export, Collins) an die italienische Commuterairline Aertirrena (ausgerüstet mit westlicher Avionik und Funkgeräten des Herstellers Collins) geliefert. Fünf Jak-40FG („Federal Republic of Germany" oder „Bundesrepublik Deutschland") wurden an die General Air in Westdeutschland verkauft. Weitere Exportkunden für beachtliche 130 Jak-40 fanden sich in Afghanistan, Angola, Bulgarien, Kambodscha, Kuba, der Tschechoslowakei, Äquatorialguinea, Äthiopien, Guatemala, Honduras, Italien, Jugoslawien, Laos, Madagaskar, den Philippinen, Polen, Sambia, Syrien und Vietnam.

Zwei Hauptvarianten sind es wert, als Untertyp bezeichnet zu werden. Die Jak-40K war eine Fracht- oder Kombivariante, die ab 1975 produziert wurde und eine

Eine Jak-40K der Vologda Air beim typischen flachen Start. **Artjom Kuschlew**

seitliche Hauptdeck-Frachttür auf der linken Seite vor dem Flügel besaß. Der erste Jak-40K-Prototyp, die CCCP-87597, wurde aus einer regulären Passagiermaschine umgebaut und danach als CCCP-87490 neu registriert.

Bei der Jak-40D handelte es sich um eine vom Flugzeugwerk Smolensk angebotene Nachrüstung, bei der die Tragflächen um zwei integrierte Treibstofftanks erweitert wurden, die eine Extra-Kapazität von 1.600 Kilogramm Sprit boten und die Reichweite von 1.200 Kilometern auf 2.500 Kilometer erheblich erhöhten.

Neben der Beförderung von Passagieren im Linienverkehr und Regierungsauftrag wurde die Jak-40 auch für zahlreiche Spezialaufgaben eingesetzt, wie z. B. die CCCP-87937, das einzige Wetterforschungsflugzeug Jak-40 Akva (Aqua), das von seinem Stützpunkt in der Ukraine aus für atmosphärische Studien und zum sogenannten Cloud Seeding (der künstlichen Erzeugung von Regen) eingesetzt wurde (später wurde das Flugzeug für den normalen Passagierbetrieb umgebaut). Die Jak-40 Schtorm (Seesturm) CCCP-87992, die Jak-40 Liros mit der Kennung CCCP-87536 und die Jak-40 Meteo CCCP-87537 hatten ähnliche Aufgaben in der Wetterforschung, während die Jak-40 Fobos CCCP-87304 im Bereich der Raketen- und Raumfahrttechnologie eingesetzt wurde.

Die tschechoslowakische Luftfahrtbehörde verfügte über einen eigenen Jak-40-Flugversuchsträger, der vor Ort als Jak-40LL bekannt war. Sie wurde vor allem für die Flugerprobung des Motorlet/Walter M-602-Turboprop-Triebwerks eingesetzt, das beim Verkehrsfluguzeug Let-610 zum Einsatz kommen sollte. Die polnische Luftwaffe nutzte vier ihrer 18 Jak-40 für als Zielschleppflugzeug. Sie verfügten über ein 3.000 Meter langes Kabel, das aus einer Trommel im hinteren Rumpf ausgezogen werden konnte.

Das Cockpit der Vologda Air Jak-40K RA-87905. **Robert Szymczak**

Eine ehemalige CSA Jak-40 flog 1991/1992 im Auftrag der UN, ehe sie zu Odessa Airlines in die Ukraine wechselte und später in der Republik Kongo flog, ehe sie auf dem Flughafen Pointe-Noire abgestellt wurde. **Richard Vandervord**

Die LZ-DOF der Hemus Air, die vorher bei Balkan und später im Auftrag zweier albanischer Airlines flog. **Richard Vandervord**

Doch am allerbesten war die Jak-40 für den Passagierflug geeignet. Bis 1980 bediente die Jak-40 allein bei Aeroflot 276 Ziele. Als die Produktion in Saratow im November 1981 eingestellt wurde, waren 1.013 Maschinen gebaut worden, was sie zum meistverkauften Düsenflugzeug der Sowjetunion machte. Die Jak-40 blieb noch jahrelang nach Produktionsende als Passagierflugzeug in regem Einsatz - es gab einfach keinen anderen Typ, der diese Rolle ausfüllen konnte. Als Aeroflot 1993 mit der Ausmusterung des Typs begann, hatte die Jakowlew-Flotte der Fluggesellschaft sagenhafte 354 Millionen Passagiere befördert. Noch immer sind vereinzelte Jak-40 vor allem im ländlichen Russland im Einsatz und ganz normal im Linienverkehr unterwegs. Darüberhinaus ist sie sehr beliebt als VIP-Flugzeug mit entsprechender Kabinenausstattung.

2. Jakowlew Jak-42

Zwei Weiterentwicklungen der Jak-40 wurden ernsthaft in Betracht gezogen. Die Jak-40P war eine Langstreckenversion mit einem zusätzlichen 1.000-Liter-Treibstofftank in einer Verkleidung vor den Tragflächen. Die andere war die Jak-40M. Von ihr wurde sogar ein maßstabsgetreues Modell hergestellt, das einen verlängerten Rumpf für bis zu 44 Passagiere, Vorflügel an der Vorderkante der Tragfläche und ein Hauptfahrwerk mit zwei Rädern anstelle von einem an jeder Strebe hatte.

Für beide Entwürfe kam es nicht zum echten Prototypenstadium kam, stattdessen äußerte Aeroflot Bedarf für eine deutlich größere und schnellere Maschine, die unter dem Namen Jak-42 (NATO-Codename Clobber) bekannt werden würde. Sie wollte man als Ersatz für die Iljuschin Il-18, die Antonow An-24 und die frühen Tupolew Tu-134 haben. Der ursprüngliche Vorschlag von Jakowlew war ein 114-sitziges Flugzeug mit geradem Flügel, das von zwei Solowjow D-30-Triebwerken angetrieben werden würde. Die Notwendigkeit, den Treibstoffverbrauch deutlich zu senken, brachte Jakowlew jedoch dazu, stattdessen auf drei sparsamere und leistungsstärkere Lotarew D-36-Triebwerke zu setzen. Die Flügelpfeilung begann auf dem Reißbrett bei fast Null, am Ende entschied man sich für elf Grad. Der erste Prototyp, registriert als CCCP-1974, wurde in Chodynka gebaut und flog von dort aus am 7. März 1975 zum ersten Mal. Doch die Flügelform erwies sich immer noch als suboptimal: für den zweiten Prototyp CCCP-1975 wurde ein völlig neues Flügeldesign mit einer Pfeilung von 23 Grad und eine etwas längere Passagierkabine entwickelt. Die dritte Maschine, die CCCP-1976, verfügte über ein verbessertes Enteisungssystem und andere kleinere Ergänzungen. Maschine Nummer vier, die CCCP-1977, wurde zur Erprobung einer extremer Fluglagen und des Trudelverhaltens eingesetzt. Während des Testprogramms trug sie einen Trudelfallschirm in einer Verkleidung über dem mittleren Triebwerk.

Die Serienproduktion der Jak-42 begann im April 1978 in Saratow parallel zur Jak-40, beginnend mit der CCCP-42300. Der Zulassungsprozess wurde Ende November 1980 abgeschlossen, und am 22. Dezember

Aeroflot Jak-42 auf dem Flughafen Krasnodar.

Valentin Grebnew Transport-Photo Images

1980 wurde die Jak-42 von Aeroflot auf der Strecke Moskau - Krasnodar in Dienst gestellt. Die Produktion lief jedoch viel langsamer an als geplant und bis Mitte 1981 wurden nur zehn Maschinen produziert. Eine zweite Produktionslinie wurde im Smolensker Flugzeugwerk eröffnet, obwohl dort insgesamt nur acht Flugzeuge gebaut wurden. Im Laufe des Jahres 1981 beförderte die noch sehr kleine Jak-42-Flotte der Aeroflot rund 200.000 Passagiere auf Inlandsflügen von Moskau aus sowie auf einigen internationalen Strecken wie z.B. von Leningrad nach Helsinki oder Donezk nach Prag.

Trotz des zögerlichen Starts waren die Aussichten für den neuen sowjetischen Dreistrahler vielversprechend. Von den Passagieren wurde das Flugzeug gut angenommen und dank der modernen Turbofan-Triebwerke mit hohem Bypass war es sehr wirtschaftlich zu betreiben.

Doch leider kam es am 28. Juni 1982 zu einer Katastrophe: Aeroflot-Flug 8641 war ein Linienflug von Leningrad nach Kiew, durchgeführt von der CCCP-42529. Auf halbem Weg zu ihrem Ziel, über Weißrussland, geriet die Maschine in einen steilen Sturzflug und brach noch in der Luft auseinander. Die Wrackteile wurden weit in der weißrussischen Landschaft verstreut. Unter den 124 Passagieren und acht Besatzungsmitgliedern gab es keine Überlebenden. Die Flotte wurde sofort mit einem Flugverbot belegt, und in einer sorgfältigen Untersuchung wurde das Problem gefunden - Die Höhenleitwerkstrimmung war nicht korrekt montiert worden, so dass es am Gewinde zu erhöhter Abnutzung kam. Beim Unglücksflug war es schließlich so stark abgenutzt, dass die Trimmstange hindurchrutschen konnte und an der Begrenzungsmutter hängen blieb. Diese gab kurz darauf nach und das lose Höhenleitwerk brachte das Flugzeug zum Sturzflug. Ein ganz ähnlicher Grund führte im Jahr 2000 zum Absturz einer Alaska Airlines McDonnell Douglas MD-83 vor der kalifornischen Küste. Die Untersuchung und der Austausch der entsprechenden Teile in allen Jak-42-Maschinen nahm viel Zeit in Anspruch, und das Flugzeug kehrte erst zwei Jahre später, im Oktober 1984, wieder in den Passagierdienst zurück. Der Ruf des Flugzeugs war ziemlich ramponiert und die Verkaufsaussichten innerhalb und außerhalb der Sowjetunion waren alles andere als rosig, obwohl das Flugzeug sich für den Rest des Jahrzehnts durch große Zuverlässigkeit und Effizienz auszeichnete. Das ursprünglich einmal veranschlagte Produktionsziel von 2.000 Exemplaren wurde nicht annähernd erreicht. Im Jahr 1991 erschien die endgültige Variante, die Jak-42D. Der Hauptunterschied zur Basisversion der Jak-42 bestand im zusätzlichen Tankvolumen von 3.100 Litern, das die Reichweite des Flugzeugs erhöhte. Bis zum Ende der Produktion waren von insgesamt 180 gebauten Jak-42 125 Maschinen der verbesserten D-Variante.

Trotz des sehr unerfreulichen Starts und obwohl sie kein Riesenerfolg wurde, bewährte sich die Jak-42 durchaus im Einsatz. Immerhin vier Maschinen

Der Erstflug einer Jak-42 ist in Krasnodar gelandet.

B. Korzin Transport-Photo Images

wurden an die Cubana auf Kuba, weitere acht an China General Aviation verkauft. Nach dem Zerfall der Sowjetunion übernahmen mehrere ex-Sowjetrepubliken die Jak-42, so dass Litauen (Lithuanian Airlines), die Ukraine (Donbassaero und Aerosvit), Kasachstan (SCAT) und Armenien (Armavia) zu den Ländern gehörten, in denen dieser Typ betrieben wurde. Die pakistanische Aero Asia betrieb im Laufe der Zeit neun verschiedene Maschinen, die alle von der russischen Tulpar Air gemietet wurden.

Die iranische Fars Air Qeshm war nach einer Insel im Persischen Golf benannt, flog aber in Wirklichkeit hauptsächlich vom Teheraner Flughafen Mehrabad aus. Sie nutzte zwischen 2003 und 2013 eine ganze Reihe verschiedener Jak-42D (aus der Ukraine beschafft) für Flüge an so illustre Orte wie Kermanschah, Ahwas, Maschhad und Khorramabad. Der Iran war vorher schon bekannt dafür, seine durch das Embargo westlicher Länder verursachte Kapazitätslücke (das Land konnte keine neuen westlichen Flugzeuge anschaffen, gebrauchte nur auf sehr dubiosen Wegen) durch zahlreiche russische Flugzeuge zu schließen. Allerdings waren die Erfahrungen damit nicht besonders positiv, es kam zu einer Reihe von tödlichen Unfällen mit verschiedenen Tu-154 und einer Il-62. Der Verlust einer Caspian Airlines Tu-154 im Juli 2009 war der Tropfen, der das Fass zum Überlaufen brachte. Die Tu-154 wurde komplett aus dem persischen Luftraum verbannt, lediglich die Jak-42 durfte noch weiter im Iran fliegen, als einziges in Russland gebautes Flugzeug.

Zu den wichtigsten Betreibern der Jak-42 in Russland gehörten Kuban Airlines, Izhavia, UTAir, KrasAvia, Grozny-Avia, Polet Airlines, Centre-Avia und Saratov Airlines. Selbst zu ihrer Blütezeit führte die Jak-42 eher ein Schattendasein, auch wenn noch heute einige Exemplare im Einsatz sind.

Die Kabine einer Jak-42 auf einem ganz gewöhnlichen Linienflug.

B. Korzin Transport-Photo Images

Das Cockpit der Jak-42D RA-42406. **Simon De Rudder**

Die Jak-42 zur Zeit der Indienststellung im Jahr 1980. **B. Korzin** Transport-Photo Images

Nach einer Karriere bei Aeroflot in den 1980er Jahren landete diese Jak-42 als LY-AAU bei Lithuanian Airlines und später als CU-T1246 bei Cubana. Das Foto entstand im März 1994 in Heathrow. **Richard Vandervord**

Die Donbassaero Jak-42 UR-42308, eine von 14 Maschinen des Typs, die dort flogen. **Richard Vandervord**

Diese ukrainische Jak-42 UR-42376 flog für eine Weile im Auftrag der mazedonischen Meta Aviotransport und wurde hier in Zürich fotografiert. **Charles Bargibant**

Diese Jak-42 der Saratov Airlines genießt einen winterlichen Nachstopp auf dem Flughafen Moskau Domodedowo. Sie wurde ursprünglich 1984 an die Aeroflot ausgeliefert. **Artjom Kuschlew**

Izhavia fliegt noch heute einige Jak-42Ds auf Linien- und Charterflügen. **Simon De Rudder**

Viele russische Flugzeuge landeten im Iran. Fars Air Qeshm wurde zu einem langjährigen Jak-42-Betreiber. Die EP-QFB ist hier im November 2009 nach der Landung in Teheran zu sehen. **Guy Viselé**

Eine 1990 gebaute Jak-42D der Volga Air Express beim Start in Sotschi. **Fjodor Borisow** Transport-Photo Images

Diese KrasAvia Jak-42D kehrte nach sechs Jahren im Exil im Iran zurück nach Russland. **Artjom Anikejew**

3. Jak-242 und die MC-21

1989 wurde eine umfassende Neuauflage der Jak-42 unter der Bezeichnung Jak-42M geplant. Sie sollte einen 4,62 Meter längeren Rumpf für 156 Passagiere, neue Tragflächen mit Winglets und ein superkritisches Profil erhalten. Das Triebwerk sollte das Murawtschenko D-436M sein, das auf dem Lotarew D-36 basierte, aber eine verbesserte Schubkraft aufwies. Im Cockpit sollte die gleiche fortschrittliche digitale Avionik wie bei der Tupolew Tu-204 mit Fly-by-Wire-Steuerung zum Einsatz kommen. Doch diese Version der Jak-42 erreichte noch nicht einmal das Prototypenstadium, genauso wie eine weitere Version, bei der die Triebwerke eins und drei seitlich unter den Tragflächen angebracht waren, ähnlich der Lockheed L-1011 und frühen Designstudien der Tupolew 204. Das dritte Triebwerk im Heck wurde dann gestrichen und aus dem Entwurf wurde ein zweistrahliges Schmalrumpfflugzeug, das sowohl dem Airbus A320 und der Boeing 737 ähnelte. Dieser Entwurf wurde mit der neuesten Tragflächentechnologie kombiniert, als Triebwerk wurde das PS90A von Aviadvigatel ausgewählt. Diese kaum als solche wiederzuerkennende Weiterentwicklung der Jak-42 sollte den Namen Jak-242 erhalten, der Bau des Prototypen war für das Jahr 1995, der

Erstflug für 1997 avisiert. Doch finanzielle Schwierigkeiten und die allgemein sehr herausfordernde Situation in den ersten Jahren nach Zusammenbruch der Sowjetunion machten diese Termine obsolet und am Ende wurde das gesamte Projekt zu den Akten gelegt. Als sich die wirtschaftliche und politische Situation in Russland nach und nach stabilisierte, steckte man wieder mehr Energie und Geld in die Bündelung der Ressourcen einer einstmals großen Flugzeugbaunation. Am 20. Februar 2006 erließ Präsident Wladimir Putin den Präsidialerlass Nr. 140, mit dem die ehemaligen Konstruktionsbüros Tupolew, Iljuschin, Irkut, Mikojan, Suchoi, Iljuschin und Jakowlew - zu einer neuen Gesellschaft zusammengelegt wurden: der United Aircraft Corporation. Zunächst wurde die Produktion der einzigen beiden Passagiermaschinen, die zu jener Zeit noch hergestellt wurden, der Tupolew Tu-204 und der Iljuschin Il-96 unter dem Dach der neuen Holding gebündelt. Und die Arbeiten an der schon totgeglaubten Jak-242 waren tatsächlich nicht umsonst. Als sich die wirtschaftliche Lage des Landes zu Beginn des neuen Jahrhunderts immer weiter stabilisierte, schwang sich die russische Luft- und Raumfahrtindustrie zu neuen Höhen auf. 2002 meldete die Luft- und Raumfahrtbehörde Rosaviakosmos den Bedarf für ein neues Kurz- und Mittelstreckenflugzeug an. Mitte 2003 holte man nach dem Zusammenschluß von Jakowlew und Iljuschin den Entwurf für die Jak-242 wieder aus der Schublade und dieser wurde tatsächlich zum Gewinner der Ausschreibung erklärt. Die neue Maschine wurde in Irkut MC-21 umbenannt (eine Abkürzung für „Magistralnij Samoljot 21 veka", ungefähr „Verkehrsflugzeug des 21. Jahrhunderts"). Am 28. Mai 2017 startete die erste MC-21 mit der Kennung 73051 zu ihrem Jungfernflug. Ursprünglich war die Indienststellung des ersten Serienflugzeugs für den Kunden Iraero und das Jahr 2020 geplant, wozu es bisher nicht kam, aber die Flugerprobung läuft im Frühjahr 2021 weiter und das Projekt lebt, auch wenn die einmal prognostizierte Nachfrage für 1.000 Flugzeuge in zehn Jahren sehr optimistisch scheint. Das Projekt genießt die volle Unterstützung des russischen Staates und es ist geplant, drei verschiedene Versionen anzubieten: die MC-21-200, die ungefähr einem Airbus A319 oder einer Boeing 737-700 entspricht, die MC-21-300 als Pendant zum A320 oder der 737-800 und schließlich die MC-21-400, die dem A321 oder der 737-900 sehr nahe kommt. Nach den bisherigen Bestellungen scheint die mittlere Version MC-21-300 den meisten Anklang zu finden.

Die Irkut MC-21 und auch der Suchoi Superjet 100 sind die beiden Aushängeschilder der heutigen russischen Luftfahrtindustrie. In ihrer DNA stecken hundert Jahre Entwicklung in der Luft- und Raumfahrttechnik, aus denen einige Highlights in diesem Buch vorgestellt werden. Man darf gespannt sein, was das nächste Kapitel sein wird.

Eine Irkut MC-21-300 landet in Schukowski. **Artjom Anikejew**

Artjom Anikejew

Iljuschin Il-86 & -96

Sowjetische Großraumjets

Der Luftverkehrsboom in der Sowjetunion führte Ende der 1960er Jahre tatsächlich zu einer Überlastung des Luftraums und einiger Flughäfen. Immer öfter kam es zu kapazitätsbedingten Verspätungen, Flugzeuge im Anflug auf Moskau, Leningrad oder Sotschi musste Warteschleifen drehen, ehe sie landen konnten. Ähnliche Probleme im Westen führten Anfang der 1970er Jahre zum Siegeszug von Großraumflugzeugen, angefangen mit der Boeing 747, die im Januar 1970 bei Pan Am in Dienst gestellt wurde, bald gefolgt von der McDonnell Douglas DC-10 im August 1971 bei American Airlines und United Airlines, der Lockheed L-1011 Tristar im April 1972 bei Eastern Airlines und dem Airbus A300, der im Mai 1974 sein Debüt bei Air France feierte.

Die Konstruktionsbüros der Sowjetunion hatten sich zum Ziel gesetzt, ein Verkehrsflugzeug zu entwickeln, das nicht nur die Zahl der Flüge auf stark frequentierten Strecken, sondern auch die Kosten pro Sitzplatz durch eine verbesserte Treibstoffeffizienz und niedrigere Betriebskosten senken würde, so dass mehr Menschen zu einem erschwinglichen Preis fliegen könnten.

1. Iljuschin Il-86

Ende der 1960er Jahre erteilten die Behörden ziemlich genaue Konstruktionsvorgaben für den sowjetischen Großraumjet: Der neue, sogenannte Aerobus sollte in der Lage sein, 40 Tonnen Nutzlast einschließlich 350 Passagieren über eine Strecke von 3.600 Kilometern zu befördern, und dies auf Start- und Landebahnen von 2.600 Metern Länge.

Es gab verschiedenste Vorschläge: das Konstruktionsbüro Iljuschin bot eine gestreckte Il-62M-250 an, aber das Konstruktionsbüro Antonow schien mit einer doppelstöckigen Passagierversion ihres massiven (aber propellergetriebenen) Militärtransporters An-22 zunächst die Nase vorn zu haben. Am 8. September 1969 wählte die Kommission für Fragen der Verteidigungsindustrie des Ministerrats dennoch das Konstruktionsbüro Iljuschin aus, nun das neue Großraumflugzeug zu entwickeln. Ideen für einen Doppeldecker wurden aufgrund des hohen strukturellen Gewichts verworfen. Eine Konstruktion mit einem einzigen Passagierdeck machte die Beladung, das Ein- und Aussteigen und auch die Evakuierung in Notfällen sehr viel einfacher. Der endgültige Flugzeugrumpf mit kreisförmigem Querschnitt hatte einen Durchmesser von 6,08 Metern, was eine bequeme Bestuhlung mit neun Sitzen nebeneinander und die Beförderung von zwei LD3-Containern nebeneinander in den darunter liegenden Frachträumen ermöglichte. Eine gute Weile später, am 9. März 1972, erließ der Ministerrat eine Direktive, die den Beginn der Arbeiten an der Il-86 anordnete. Die Flugerprobung sollte 1976 beginnen und die Indienststellung noch vor den Olympischen Spielen 1980 in Moskau erfolgen. Die nächsten drei Jahre wurden damit verbracht, einer Konfiguration Leben einzuhauchen, die der Il-62 nicht unähnlich war, mit vier Solowjow D-30KU-Turbofans, die paarweise am hinteren Rumpf unter einem

Eine Il-86 Besatzung. **Valentin Grebnew** Transport-Photo Images

Der erste kommerzielle Flug einer Il-86 ist in Taschkent angekommen. 26. Dezember 1980. **B. Korzin** Transport-Photo Images

hohen T-Leitwerk angebracht waren. Wie man es jedoch drehte und wendete und an der Konstruktion feilte, die vier D-30 konnten einfach nicht genug Schub liefern, um bei einem Triebwerksausfall während eines Starts mit maximalem Gewicht sicher weiterfliegen zu können.

Das einzige Triebwerk, das für dieses große und schwere Flugzeug in Frage kam, war das Kusnetzow NK-8, das für den Aerobus zum NK-86 umgebaut wurde und eine Schubleistung von 13.000 kgp (28.665 Pfund) erbrachte, allerdings bei einem sehr hohen Treibstoffverbrauch von drei Tonnen pro Triebwerk und Stunde. Da Kerosin zu jener Zeit billig war und das Flugzeug ohnehin nur auf Kurz- und Mittelstreckenflügen zum Einsatz kommen sollte, schien dies akzeptabel und am 26. März 1975 gab der Ministerrat grünes Licht für die geplante Konfiguration mit NK-86-Triebwerken.

Ein wichtiger Grund für die sehr lange Entwicklungszeit der Il-86 von zehn Jahren: man schaute sich auch im Ausland um. Speziell die Anschaffung der Boeing 747 schien für eine Weile eine echte Option, die Aeroflot immer mal wieder sehr gerne in die Flotte aufgenommen hätte. Doch das politische Klima war nie gut genug, um solch einen Kauf im Westen durchzudrücken und letztlich wäre es auch ein Eingeständnis gewesen, dass die einheimische Luftfahrtindustrie bei manchen Projekten an ihre Grenzen stieß. Diese Überlegungen, möglicherweise auf eine Alternative aus dem Westen zu setzen, führten aber bei der Konstruktion der Il-86 immer wieder zu längeren Pausen. Und als es dann in den 1980er und frühen 1990er Jahren möglich gewesen wäre, war die wirtschaftliche Lage in der Sowjetunion derart desolat, dass eine Boeing 747 oder ein ähnlich großes Flugzeug aus dem Westen (zudem teuer in der Anschaffung) einfach „zu viel Flugzeug" für die Aeroflot gewesen wäre.

Was es Boeing erleichterte, von einem politisch heiklen Verkauf seiner Flugzeuge in die Sowjetuniuon abzusehen, war die Tatsache, dass man auf dieses Geschäft nicht wirklich angewiesen war. Die Auftragslage für den Jumbo war ziemlich gut, während der Hersteller Lockheed, der mit seiner L-1011 erst später auf den Plan trat, unter deutlich größerem Druck stand, Flugzeuge verkaufen zu müssen. (Am Ende produzierte Lockheed nur 250 L-1011, verglichen mit 446 DC-10 und über 1.500 Boeing 747). Am 11. März 1974 landete so tatsächlich eine L-1011 in Moskau und es fanden drei Tage lang Demonstrationsflüge und Verkaufspräsentationen

Werbefotos aus dem Jahr 1980. **Aeroflot**

statt. Die Sowjets waren beeindruckt und wollten 30 L-1011-250 kaufen und weitere 100 in Lizenz in Russland bauen. Dies wäre für beide Seiten ein lukratives Geschäft geworden, doch unter der Präsidentschaft von Jimmy Carter begannen die USA, die Menschenrechtslage in den jeweiligen Ländern bei entsprechenden Handelsgeschäften und vor allem Technologieexporten sehr viel stärker zu gewichten, was dieses Geschäft am Ende nicht zustande kommen ließ. Auch die Hoffnungen auf einen westlichen Antrieb für die Il-86 durch General Electric CF6-50-Triebwerke erfüllten sich nicht.

Blick aus dem Cockpit der Il-86 RA-86125 kurz vor der Landung in Antalya. **Fjodor Borisow** Transport-Photo Images

Der Arbeitsplatz des Flugingenieurs auf der Il-86. **Fjodor Borisow** Transport-Photo Images

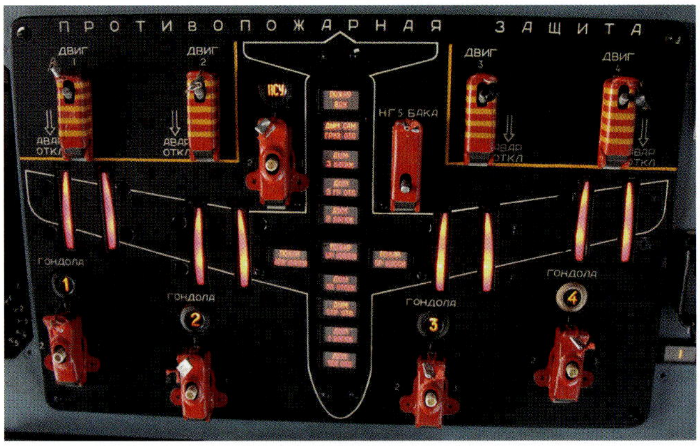

Das Feuerwarnsystem im Cockpit der RA-86125. **Fjodor Borisow** Transport-Photo Images

Dennoch wurden von sowjetischer Seite Versuche unternommen, ein ausländisches Triebwerk - oder Elemente davon - zu verwenden. Eine Handelsmission besuchte 1976 Rolls-Royce in Derby, England, mit der Absicht, acht Triebwerke zum Zweck des Nachbaus zu kaufen. Rolls-Royce hatte jedoch aus den Erfahrungen gelernt, die man Ende der 1940er Jahre mit dem Klimow Konstruktionsbüro beim der Weitergabe der Nene-Triebwerkstechnologie gemacht hatten, aus der das Klimow VK-1 hervorging, das die MiG-15 antrieb und von der man damals kaum selbst profitierte. Diesmal bestand Rolls-Royce auf einer Abnahme von mehr als 100 Triebwerken, um die Sache finanziell interessant zu machen.

Von Anfang an war die Il-86 so konzipiert, dass sie mit der oft einfachen Infrastruktur auf den sowjetischen Flughäfen, gut klarkommen würde. Allein die Zahl von 300 Passagieren auf einmal würde einige Flughäfen, speziell auch bei der Gepäckabfertigung, an die Grenzen bringen. So wurden einige recht innovative Neuerungen in Betracht gezogen, darunter die Möglichkeit, das gesamte Gepäck direkt bei seinen Besitzern in der Kabine zu verstauen, neben dem Passagiersitz oder in ungewöhnlich großen Gepäckfächern. Alle denkbaren Versionen hätten jedoch eine deutlich längere Passagierkabine bedeutet, da der zusätzliche Platzbedarf sehr groß gewesen wäre. Auch gab es Bedenken, dass das ganze Gepäck z.B. bei einem Starabbruch unkontrolliert durch die Kabine und so ein erhebliches Sicherheitsrisiko darstellen würde.

Am Ende entschied man sich für eine Lösung, die zu einer der charakteristischsten Eigenschaften der Il-86 wurde. Die Passagiere stiegen vom Vorfeld aus über drei integrierte Treppen gewissermaßen durch den Laderaum ins Flugzeug ein. Über die erste Treppe landeten sie im Unterdeck, wo sie den Großteil des Gepäcks selber in geräumige Regale stauen konnten. Dann führte eine weitere Treppe, was recht mondän wirkte, ins Hauptdeck, wohin die Passagiere ihr weniges Handgepäck mitnehmen und unter dem Sitz oder in

Bei dieser Aeroflot Il-86 sind die eingebauten Treppen sehr gut zu sehen. **B. Korzin** Transport-Photo Images

Die Treppe, die aus dem Unterdeck in die Passagierkabine führt. **Fjodor Borisow** Transport-Photo Images

Das Unterdeck. **Fjodor Borisow** Transport-Photo Images

Eine Il-86 der Pulkovo Airlines ist in Petropawlowsk gelandet. **Sam Chui**

den Gepäckfächern unterbringen konnten. Dieses eigentlich recht einfache System reduzierte den Bedarf an teuren Bodenabfertigungsgeräten und verkürzte die Abfertigungszeiten enorm, was sich wiederum sehr positiv auf die Wirtschaftlichkeit der Il-86 auswirkte.

Das Hauptdeck war breit genug für eine typische Passagierkonfiguration von neun Sitzen nebeneinander in drei Blöcken mit je drei Sitzen. (Diese Sitzanordnung war bei westlichen Großraumflugzeugen die große Ausnahme, hier wurde bei dem entsprechenden Rumpfdurchmesser meist eine 2-5-2-Anordnung gewählt, die zumindest bei den Passagieren in der Mitte nicht sonderlich beliebt war. Heute sind die Hersteller dem sowjetischen Vorbild gefolgt und sowohl die Boeing 787 oder der Airbus A350 haben in aller Regel eine 3-3-3 Bestuhlung in der Economy Class. Die Zeit der gemütlichen Sitzpaare scheint vorbei.

Das Hauptdeck verfügte über vier ICAO-Ausgänge des Typs I auf jeder Seite, an denen jeweils eine aufblasbare zweibahnige Rutsche befestigt war. Auch die Sitze waren nun bequemer als die gängigen, sehr dünnen Sitze auf den meisten Tupolew-Flugzeugen. Sie waren etwas breiter und dicker und verfügten darüberhinaus über Neuerungen wie eine Leselampe oder ein kleines Gebläse in der Rückenlehne sowie eine eingebaute Sauerstoffmaske, was den Einbau von Sauerstoffmasken in die Gepäckfächer an der Kabinendecke überflüssig machte und so Platz sparte. Die Konstruktion des Flügels bereitete den Konstrukteuren einige Kopfschmerzen. Er sollte nicht nur im Reiseflug hocheffizient sein, sondern auch sehr gute Eigenschaften im Langsamflug aufweisen, um von kurzen Start- und Landebahnen operieren zu können. Die ausgeklügelten Vorflügel an der Vorderkante und die dreifach geschlitzten Klappen an der Hinterkante der Tragfläche entsprachen dem neuesten Stand der Luftfahrttechnik zu jener Zeit. Der größte Bruch mit der bisherigen sowjetischen Luftfahrttradition war jedoch die Anordnung der Triebwerke.

Die Legende besagt, dass Boeing-Chefingenieur Joe Sutter und der Leiter des Iljuschin Konstruktionsbüros, Genrich Nowoschilow, 1971 in Paris während des Aérosalons zusammentrafen. Bei einem inoffiziellen Technologieaustausch verriet Nowoschilow wertvolle Informationen über die Verwendung von Titan in Flugzeugzellen und -komponenten, Sutter skizzierte

Eine Ural Airlines Il-86 auf dem Flughafen von Jekaterinburg. **Sam Chui**

Die Il-86 wurde kein großer Exportschlager. Die einzige Airline, die das Muster fabrikneu übernahm war China Xinjiang Airlines, die drei Maschinen flog. Eine davon, die B-2016, ist hier auf dem Heimatflughafen Urumqi zu sehen. **Richard Vandervord**

Diese Il-86 der Atlant-Soyuz flog vorher bei Aeroflot, Transaero, Krasair and VASO Airlines und wurde 2011 in Moskau-Wnukowo verschrottet. **Guy Viselé**

Die UN-86068, ursprünglich im Januar 1985 an Aeroflot ausgeliefert, ist hier in Almaty zu sehen. **Richard Vandervord**

Das Innere einer Ural Airlines Il-86. Die fehlenden Gepäckfächer über den mittleren Sitzen geben der Kabine ein sehr großzügiges Raumgefühl. **Sam Chui**

auf einer Tischdecke die Grundlagen der an Pylonen montierten Triebwerke und aeroelastischer Tragflächen. Die Tischdecke reiste mit Nowoschilow zurück nach Russland, das Ergebnis wurde mit der Il-86 das erste sowjetische Verkehrsflugzeug, das die Triebwerke unter den Tragflächen trug. Diese Anordnung war von der vorherrschenden sowjetischen Ingenieursmeinung lange als minderwertig abgetan worden, man hielt stattdessen an der Positionierung am Heck fest und versuchte, diese zu optimieren.

Der erste Prototyp der Il-86, die CCCP-86000, wurde auf dem Moskauer Flughafen Chodynka zusammengebaut, gemeinsam mit einer zweiten Flugzeugzelle für statische Tests. Am 22. Dezember 1976 erhob sich die 86000 unter dem Kommando eines Helden der Sowjetunion, des verdienten Testpiloten Edward Kusnezow, zum ersten Mal in die Luft. Die Landung erfolgte auf dem nahe gelegenen Flugplatz Schukowski, dem Zentrum der sowjetischen Testfliegerei.

Ihr internationales Debüt hatte die Il-86 im Juni 1977 auf der Pariser Luftfahrtausstellung, wo sie und erhielt allseits recht positive Rezensionen. Die NATO gab dem neuen Flugzeug den Codenamen Camber (was auch „Sturz" bedeutet). Für die Serienproduktion wurde das Werk Nr. 64 in Woronesch (später als VASO bekannt) ausgewählt. Das Werk hatte allerdings (wie fast alle Flugzeugwerke in der Sowjetunion zu jener Zeit, die alle gut mit der Produktion von Militärflugzeugen zu tun hatten) kaum Kapazität. Um das Projekt nun möglichst zügig voranzubringen, holte man die Polnischen Luftfahrtwerke (kurz PZL) mit ins Boot. PZL sollte die gesamte Heckbaugruppe (horizontale und vertikale Stabilisatoren, hinterer Rumpf und Heckkonus), alle Steuerflächen und die Triebwerkspylone sowie möglicherweise auch die Tragflächen selbst herstellen. Zur Produktion der Tragfläche in Polen kam es am Ende nicht, da es in Polen

Il-86-Treffen auf dem Vorfeld von St. Petersburg. **Pawel Nowikow** Transport-Photo Images

bereits eine recht starke Widerstandsbewegung gegen das politische System und die schlechte wirtschaftliche Lage gab. Das Werk in Woronesch wurde angewiesen, die Tragflächenkonstruktion unter seinen Fittichen zu behalten, da es sich dabei um das womöglich sensibelste Element des gesamten Flugzeugs handelte, den man nicht leichtfertig an ein potenziell unzuverlässiges Partnerland auslagern wollte.

Der zweite Prototyp der Il-86, die CCCP-86001, wurde im Werk in Woronesch hergestellt und hob erstmals am 24. Oktober 1977 ab. Es folgte ein sehr gründliches und ausführliches Testprogramm, das auch Trudelversuche beinhaltete. Für diesen Zweck wurde, wie so oft, im Heck anstatt einer Hilfsturbine ein Trudelfallschirm eingebaut. Am 23. April 1978 fand ein erster Erprobungsflug nach Sotschi am Schwarzen Meer, gefolgt von mehreren Einsätzen nach Simferopol, Mineralnyje Vody und Sotschi im darauffolgenden Monat. Bereits am 20. Oktober war die Erprobungsphase abgeschlossen, die Zulassungsphase durch die staatlichen Behörden konnte beginnen.

Eine dritte Il-86, die erste echte Serienmaschine, wurde als CCCP-86002 registriert und flog erstmals am 2. März 1979. Der Minister für Zivilluftfahrt, Boris Bugajew, unterzeichnete am 24. April 1979 die Genehmigung für den Beginn der staatlichen Abnahmeversuche, die nur im Juni kurz unterbrochen wurden, als die CCCP-86000 zur Pariser Luftfahrtausstellung flog. Am 23. September wurde die dritte Serienmaschine (und damit die fünfte insgesamt) mit der Kennung CCCP-86004 nach Moskau-Wnukowo überführt, von wo aus weitere Testflüge nach Leningrad, Rostow am Don und Taschkent stattfanden.

Die Betriebserprobung wurde am 18. Dezember 1980 abgeschlossen. Bis zu diesem Zeitpunkt wurden 490 Flüge durchgeführt, mit einer Flugzeit von insgesamt 1.221 Stunden und 49 Minuten. Bereits am nächsten Tag wurde der Prototyp CCCP-86000 nach Kiew

Die Il-86WKP (auch bekannt als Il-80) ist ein fliegender Gefechtsstand. Von vier gebauten Maschinen sind drei auch heute noch ab der Militärbasis Tschkalowski in der Nähe von Moskau im Einsatz. **Sergej Lebedew**

geflogen, um als Lehrflugzeug am Kiewer Institut für Zivilluftfahrtingenieure eingesetzt zu werden (heute ist das Flugzeug Teil der beeindruckenden Flugzeugsammlung im Museum am Kiewer Flughafen Schuljany). Der einzige nennenswerte Zwischenfall bei der Entwicklung der Il-86 war ein schwerer Triebwerksbrand im Triebwerk Nummer 4 (in Flugrichtung rechts außen) nach dem Start in Moskau-Wnukowo auf einem Aeroflot-Testflug. Der eigentlich beherrschbare Zwischenfall verkomplizierte sich, als der Flugingenieur versehentlich erst das Triebwerk Nummer 1 (links außen) und erst danach das Triebwerk Nummer 4 abschaltete, so dass der schwere Jet nur noch über zwei funktionierende Triebwerke verfügte. Dem Kapitän gelang dennoch eine schnelle 180-Grad-Wende und er konnte die CCCP-86004 sicher wieder in Wnukowo landen. Als Folge des Brandes wurden einige Änderungen am NK-86-Triebwerk vorgenommen - und zweifellos auch an den Verfahren im Cockpit.

Die Musterzulassung für die Il-86 wurde am 24. Dezember 1980 erteilt und zwei Tage später ging das Flugzeug auf der Rennstrecke von Moskau nach Taschkent in den kommerziellen Einsatz. Diese Strecke (nicht allzu lang und mit hohem Passagieraufkommen) war genau die Art von Einsatz, für den die Il-86 gedacht war und perfektioniert wurde. Das ursprüngliche Ziel, die Il-86 bis zu den Olympischen Spielen 1980 in Betrieb zu nehmen, wurde zwar verfehlt, aber man wird sich gesagt haben: Besser spät als nie! Nach der Boeing 747 war die Il-86 erst das zweite Großraumflugzeug mit vier Triebwerken, ein echtes Mammutprojekt für die sowjetische Luftfahrtindustrie! Und diesen Mammut nicht nur in die Lüfte, sondern auch in den regulären Linienverkehr zu bringen, war zweifellos eine gewaltige Leistung. Als Zeichen der offiziellen Anerkennung wurde am 22. April 1981 eine Reihe von Iljuschin-Ingenieuren mit dem Lenin-Preis für ihre Arbeit an der Il-86 ausgezeichnet.

Der Inlandsverkehr mit dem neuen Flugzeugmuster wurde Anfang 1981 schnell ausgeweitet und die Il-86 flog bald nach Nowosibirsk, Alma-Ata und Mineralnyje Vody. Am 3. Juli 1981 führte die Il-86 ihren ersten internationalen Linienflug nach Berlin-Schönefeld durch, im Oktober folgten die ersten Flüge nach Prag und Wien.

Um die Effizienz des Flugzeugs zu verbessern, wurde eine neue Konfiguration mit 450 Sitzplätzen vorgestellt, die als Il-86V bezeichnet wurde. Das erste Exemplar trug die Registrierung CCCP-86015 und ging im April 1985 erstmals auf Testflüge von Moskau nach Taschkent.

Für militärische Zwecke wurden fünf Il-86 hergestellt, die entweder als Il-80 (NATO-Codename Maxdome) oder als Il-86VPU bezeichnet wurden. Diese Maschinen wurden (und werden noch) als fliegende Kommandostände eingesetzt und waren mit zahlreichen zusätzlichen Auf- und Anbauten ausgerüstet, die sichtbarste davon sind ein großer Buckel auf dem vorderen Rumpf und diverse Antennen. Der Prototyp der Il-80 absolvierte seinen Erstflug am 29. Mai 1985, und vier Serienmaschinen, CCCP-86146, 86147, 86148 und 86149, wurden nach einem kurzen Testprogramm an das Militär übergeben.

Die Il-86 wurde kein Exportschlager, was vor allem an den ineffizienten NK-86-Triebwerken lag, die wahre Spritschleudern waren. Die westlichen Hersteller (gemeinsam mit Banken und Leasingfirmen) hatten inzwischen recht ausgefeilte Finanzierungsmodelle im Angebot, die auch finanziell klammen Airlines die Möglichkeit boten, sich die modernen und effizienten Maschinen westlicher Hersteller leisten zu können. Die Wirtschaft der Sowjetunion lag in den 1980er Jahren ziemlich am Boden, ähnlich attraktive Bedingungen konnte man schlicht nicht anbieten und darüberhinaus war die Il-86 als solche nicht mehr wettbewerbsfähig mit den Maschinen, die westliche Hersteller anboten.

Der einzige Auslandskunde, der jemals neu gebaute Il-86 übernahm, war die China Xinjiang Airlines, die drei Maschinen kaufte und sie ab ihrer Basis Urumqi in der Provinz Xinjiang aus auf Inlandsstrecken im Reich der Mitte einsetzte. Die ostdeutsche Interflug war durchaus an der Il-86 interessiert. Doch durch das politische Tauwetter eröffnete sich plötzlich die Möglichkeit, drei viel effizientere Airbus A310 zu erwerben (DDR-ABA, -ABB und -ABC) und denen gab man dann den Vorzug.

Nach dem Zusammenbruch der Sowjetunion im Jahr 1991 wurden die Il-86 bei einigen der neuen Fluggesellschaften in den ehemaligen Sowjetrepubliken eingesetzt. Das kasachische Direktorat der Aeroflot wurde zu Kazakhstan Airlines und „erbte" sieben Il-86, Armenian Airlines erhielt zwei Flugzeuge, die vorher zur Aeroflot-Filiale in Eriwan gehörten und wunderschön in neue Farben lackiert wurden. Uzbekistan Airways hatte gleich zehn Il-86 zur Verfügung, die sie von ihrem Heimatflughafen Taschkent aus einsetzte. Darüberhinaus setzten im Laufe der Jahre zahlreiche private russische Airlines wie East Line, Orient Avia, AJT Air International, Atlant-Soyuz, Sibir (heute S7), Pulkovo Airlines, Kras Air, Ural Airlines, Donavia, Russian Sky gebrauchte Il-86 auf aufkommensstarken Linien- und Charterflügen ein. Insgesamt wurden 106 Iljuschin 86 gebaut, kein wirklicher Erfolg, aber auch kein totaler Flop. Der letzte zivile Betreiber des Flugzeugmusters war die russische Fluggesellschaft Atlant-Soyuz, die 2011 ihren Betrieb einstellte und damit auch das kommerzielle Leben dieses Flugzeugmusters beendete.

2. Iljuschin Il-96

Mit dem Ende des Kalten Krieges und politischer Barrieren wurde es zumindest theoretisch sehr viel leichter, an westliche Technologie zu kommen. Die Achillesferse der Il-86 waren ihre relativ leistungsschwachen, dafür aber ziemlich verbrauchsstarken Triebwerke. Das Konstruktionsbüro Iljuschin und das Werk in Woronesch machten sich daran, das im Westen äußerst erfolgreiche CFM56-Triebwerk von CFM International in die Il-86 einzubauen, ein äußerst erfolgreiches Mantelstromtriebwerk, hergestellt von einem Joint Venture zwischen General Electric (USA) und SNECMA (Frankreich). Das Triebwerk kam und kommt in allen

Die RA-96011 landet in Woronesch, um bei VASO in die Wartung zu gehen. **Alexander Mischin** Transport-Photo Images

Das Cockpit der Aeroflot Il-96 RA-96008 nach einem Flug von Moskau nach Istanbul. **Marius Höpner**

Boeing 737 ab der Baureihe -300, in den umgerüsteten KC-135, beim Airbus A340-200 und -300 sowie in Teilen der weltweiten A320-Flotte zum Einsatz, ein echter Topseller. Die Iljuschin mit CFM56-Triebwerk wurde intern als Il-86M bezeichnet, und im Werk in Woronesch wurden die Werkzeuge hergestellt und Voraussetzungen geschaffen, zwanzig solcher modernisierter Il-86 herzustellen.

Das Konstruktionsbüro Solowjow hatte zu jener Zeit bereits ein neues russisches Triebwerk in der Planung, das die nächste Generation sowjetischer Düsenflugzeuge antreiben sollte, das D-90, das ursprünglich als Antrieb für das Tupolew Tu-204-Projekt gedacht war. Bald erkannte man, dass ein Triebwerk, das man sowohl für die neue Tu-204 als auch für eine modernisierte Il-86 einsetzen konnte, die Kosten für das Projekt deutlich senken könnten. Ursprünglich war für die Tu-204 ein drittes Triebwerk im Heck geplant. Mit einer leistungsstärkeren Version des Triebwerks, und deren Entwicklung war bald im vollen Gange, konnte man nicht nur die Tu-204 vom Drei- zum Zweistrahler machen, das neue Triebwerk wäre auch schubstark genug, die neue Il-86 anzutreiben. Doch bald stellte sich heraus, dass auch das neue, verbesserte Triebwerk nicht stark genug für die schwere Il-86 war. Also musste der neue Vogel geschrumpft werden - der Rumpf wurde im Vergleich zur Il-86 um fünf Meter gekürzt, das Flugzeug würde aber immer noch rund 300 Passagieren Platz bieten. Das System des durch die Passagiere selber im Laderaum zu verstauenden Gepäcks und die Flugzeugtreppen im Rumpf wurden abgeschafft und statt vier Notausgängen auf jeder Seite hatte das neue Flugzeug auf jeder Seite nur drei.

Die neue Variante des sowjetischen „Aerobus" wurde nun als ausreichend ausgereift angesehen, um sich ans Marketing zu machen. Das Flugzeug wurde auf den Namen Il-96 getauft, die Triebwerke wurden zum PS-90 (wobei PS für die Initialen von Pawel Solowjow steht, dem Gründer des Solowjow Konstruktionsbüros). Durch

Pushback einer Aeroflot Il-96 vor einem abendlichen Flug nach Eriwan. **Robert Szymczak**

die technologischen Fortschritte im Flugzeugbau konnte man entscheidende Leistungscharakteristika des neuen Flugzeuges bereits im Vorhinein sehr viel zuverlässiger berechnen. Die Tragfläche wurde gegenüber der der Il-86 komplett neu konstruiert und wies eine verbesserte Aerodynamik auf. Der sichtbarste Unterschied zum Vorgängermodell sind die markanten Winglets an den Tragflächenenden.

Auch im Cockpit wurde aufgerüstet: die Il-96 verfügte über ein Glascockpit mit modernen Displays anstatt analoger Instrumente und Fly-by-Wire-Steuerung. Es war nun nur noch eine dreiköpfige Cockpitcrew vorgesehen, wobei der Flugingenieur kein seitliches Instrumentenpanel mehr hatte und somit das Cockpit vollständig nach vorne ausgerichtet war.

An Bord einer Aeroflot Il-96 auf dem Weg von Moskau nach Antalya. **Simon De Rudder**

Ein Paar Il-96 auf dem winterlichen Flughafen Scheremetjewo. **Artjom Anikejew** Transport-Photo Images

Die Il-96 durchlief eine ähnliche Entwicklung wie sie auch bei der Modernisierung der DC-10 in die MD-11 oder der Boeing 747 Classic in die B747-400 stattfand: Reduzierung der Cockpitcrew, Glascockpit, Einführung von Fly-by-Wire, modernere Triebwerke, Winglets an den Tragflächenenden. Doch trotz dieser technologischen Quantensprünge, die die Il-96 auf ein vergleichbares Niveau mit den Produkten aus dem Westen brachte, sollte sich der Verkauf des neuen Flugzeugs als schwierig erweisen.

Am 1. Dezember 1986 legte das Iljuschin Konstruktionsbüro dem Ministerium für Zivilluftfahrt die Leistungsdaten der Il-96 vor: eine maximale Nutzlast von 40 Tonnen bei einem Gesamtgewicht von 216 Tonnen, eine Reichweite von 11.000 Kilometern, eine Reiseflughöhe von 12.100 Metern bei einer Geschwindigkeit von 900 km/h. Diese Vorschläge stießen auf Zustimmung und es konnte mit dem Bau des ersten Prototypen im Forschungszentrum in Chodynka begonnen werden.

Am 28. September 1988 hob die CCCP-96000 zum ersten Mal unter dem Kommando des Iljuschin-Cheftestpiloten, Stanislaw Brisnjuk, einem Helden der Sowjetunion und verdienten Testpiloten, ab. Es folgten weitere Flugtests - die neue Maschine war zwar in gewisser Weise nur die Weiterentwicklung einer bestehenden Konstruktion, enthielt aber viele komplett neue Elemente. So war das Testprogramm durchaus anspruchsvoll. Und die politischen und wirtschaftlichen Verwerfungen jener Zeit machten wahrlich nichts leichter.

Am 20. August 1989 wurde die CCCP-96000 mit einem Vorbeiflug zum Tag der Luftfahrt in Moskau-Tuschino erstmals der Öffentlichkeit vorgestellt. Am 11. November verließ der zweite Prototyp CCCP-96001 das Werk und hob in Woronesch erstmals ab. Er wurde sofort Teil des Testprogramms. Am Valentinstag 1990 gab die Il-96 ihr internationales Debüt, als die CCCP-96001 auf der

Die Aeroflot Il-96 RA-96008 wurde von Aeroflot 2014 an Cubana weitergereicht und kam dort als CU-T1717 bis 2017 zum Einsatz. **Tim Bowrey**

Il-96PU in den Farben der russischen Regierungsflotte. **Artjom Kuschlew**

Asian Aerospace Airshow in Singapur vorgeführt wurde.

Die erste Serien-Il-96, die CCCP-96002, flog zum ersten Mal am 9. Juli 1990. Damit stellte das Werk in Woronesch seine Leistungsfähigkeit unter Beweis, denn der Beginn der Serienproduktion folgte einem sehr ehrgeizigen Zeitplan. Diese konnte nun anlaufen, die Auslieferung an den ersten Kunden hoffentlich bald erfolgen. Doch vorher musste das Zertifizierungsprogramm durchlaufen werden - und das hatte einige spektakuläre Highlights! So ein zweiwöchiger Aufenthalt in Jakutsk im Februar 1991 für Kältetests bei Temperaturen von bis zu -53°C. Die zweite Serienmaschine CCCP-96005 unternahm einen langen Streckenerprobungsflug von Moskau nach Petropawlowsk auf der Halbinsel Kamtschatka, wodurch die Langstreckenperformance im Linienbetrieb unter Beweis gestellt werden sollte. Die dritte Serienmaschine, die CCCP-96006, startete 1992 von Moskau aus zu einem Flüg über den Nordpol nach Portland in Oregon, um das fünfzigjährige Jubiläum des Rekordflugs von Waleri Tschkalow zu feiern, der den Nordpol in einer Tupolew ANT-25 überquerte. Vom 21. bis 25. Oktober flog die CCCP-96005 nach Avalon in Australien, um an der Internationalen Australischen Airshow teilzunehmen.

Die Flugtests mit der Il-96 verliefen durchaus erfreulich, das neue Flugzeug erfüllte oder übertraf die Anforderungen in Sachen Handling, Stabilität und Steuerbarkeit, was wiederum neue Möglichkeiten zur Weiterentwicklung zu bieten schien. Die erste Serienversion des Flugzeugs erhielt die Bezeichnung Il-96-300.

Nach 1.769 Flügen und rund 3.100 Stunden in der Luft erhielt die Il-96 am 29. Dezember 1992 endlich die Musterzulassung Es waren jedoch noch einige bürokratische Hürden zu überwinden, ehe die Il-96-300 am 14. Juli 1993 endlich in den Linienverkehr einsteigen konnte, mit einem Flug von Moskau nach New York JFK. Am 31. Juli folgten Einsätze nach Barcelona und Madrid, am 13. November ging es nach Las Palmas auf Gran Canaria und am 14. November flog die Il-96 erstmals nach London Heathrow. Auch auf den Strecken nach Seoul, San Francisco, Seattle und Los Angeles kam das neue Flugzeug Anfang 1994 zum Einsatz. Etwas später im gleichen Jahr wurde die Aeroflot Russian International Airlines aus der Taufe gehoben, die sich fortan auf internationale Flüge von Moskau aus konzentrieren sollte. Und für diese sollte die Il-96, zumindest zunächst, das Flaggschiff sein. Neue Langstrecken kamen hinzu und unterstrichen die weiterhin globalen Ansprüche der Fluggesellschaft: Am 31. Oktober 1994 wurde die Strecke von Moskau nach Buenos Aires (mit Zwischenlandung auf der kapverdischen Insel Sal) aufgenommen, gefolgt von einer Route nach Sao Paulo (über Larnaca, Sal und Rio) am 4. November desselben Jahres. Die Strecke Moskau-Paris wurde am 25. Mai 1995 auf die Il-96 umgestellt.

3. Iljuschin Il-96M & Il-96-400T

Schon im November 1989 gab es erste Verhandlungen über die (Weiter-)entwicklung sowohl der Il-96 als auch der Tu-204 mit westlichen Triebwerken und westlicher Avionik. Am 7. Dezember 1990 wurde ein Rahmenabkommen über die Machbarkeitsstudie einer gestreckten Il-96M mit Pratt & Whitney PW2037-Triebwerken unterzeichnet. Für eine zwar traditionsreiche aber wenig international ausgerichtete Organisation wie das Iljuschin Konstruktionsbüro bedeutete die Zusammenarbeit mit ausländischen Firmen, deren Arbeitsabläufen, Zertifizierungsverfahren und Unternehmenskulturen allein sprachlich eine ziemliche Herausforderung. Aber es war keine unüberbrückbare. Mitarbeiter aller beteiligten Firmen machten sich motiviert an das gemeinsame Projekt und zeigten sich durchaus offen für die Kooperation. Diverse Listen und Spezifikationen wurden zweisprachig angefertigt und die technischen Hindernisse nach und nach aus dem Weg geräumt.

Die russischen und amerikanischen Luftfahrtbehörden erarbeiteten zusammen die Grundlagen für eine gemeinsame Zulassung der Il-96M, und am 30. November 1991 wurde der erste Prototyp der Il-96-300 nach Chodynka geflogen, um dort zur ersten Il-96M umgebaut zu werden. Das Flugzeug wurde durch den Einsatz zweier zusätzlicher Rumpfteile (eins vor dem Flügel mit einer Länge von 6,05 Metern und eins weiteres, 3,3 Meter langes hinter dem Flügel) deutlich gestreckt,

Das Cockpit wurde mit Avionik von Rockwell Collins ausgestattet und unter die Tragflächen wurden PW2337-Triebwerke montiert. Das „neue" Flugzeug wurde als RA-96000 registiert, am 29. März erfolgte der Roll-Out und am 4. April hob die Il-96M zum ersten Mal ab. Sie war einer der Stars auf dem Pariser Aérosalon 1993, wo Rockwell Collins-Testpilot Ross Wains mit ihr einige ziemlich spektakuläre Flugvorführungen darbot. Zwischen dem 31. August und dem 5. September gastierte sie auf der MAKS-93 Airshow in Russland und zwischen

Il-96-400T mit Pratt & Whitney-Triebwerken im Flug, aufgenommen 2008. **Pawel Nowikow** Transport-Photo Images

dem 6. und 17. November 1994 wurde sie auf der Andrews Air Force Base in der Nähe von Washington DC vorgeführt. Auch nach Australien ging es erneut, als die Il-96M im März 1995 auf der dortigen Airshow vorgestellt wurde. Im Dezember 1996 stattete das neue Flugzeug der staatlichen nordkoreanischen Fluggesellschaft Choson Minhang (heute Air Koryo) in Pjöngjang einen Verkaufsbesuch ab, da man guter Dinge war, hier einen Abnehmer zu finden.

Und eine weitere Variante der Il-96 mit Pratt & Whitney-Antrieb war schon in Arbeit - die Il-96T, eine Frachterversion der Il-96M. Der Prototyp wurde als RA-96101 registriert und rollte am 26. April 1997 erstmals aus dem Fertigungshangar. Ihren Erstflug absolvierte die Il-96T am 16. Mai und flog direkt danach, am 15. Juni, nach Le Bourget zur Paris Air Show 1997, gefolgt von einem Gastauftritt auf der MAKS-97 im August. Doch so groß die Euphorie über eine kurze Zeit vorher nie mögliche Zusammenarbeit bei allen Beteiligten auch war: für die Il-96M gab es nicht wenige Hindernisse. Und auch wenn man bei diesem Projekt mit den Amerikanern zusammenarbeitete, letztlich blieben Russland und die USA konkurrierende Nationen, wenngleich man sich politisch nun nicht mehr feindselig gegenüberstand. Und die US-Flugzeughersteller Boeing und McDonnell Douglas waren über den ernstzunehmenden Konkurrenten, der sich hier mit amerikanischer Unterstützung anbahnte, alles andere als erfreut. Eine optimierte Il-96 mit modernem Cockpit und leistungsfähigen Triebwerken konnte der Boeing 777 oder der MD-11 durchaus das Wasser reichen.

Auf Druck der US-Hersteller musste die US-Export-Import-Bank die Finanzierung an knallharte Bedingungen knüpfen (z. B. dass russische Fluggesellschaften eine bestimmte Anzahl von in den USA hergestellten Flugzeugen bestellen), aber letztlich führte der Widerspruch an sich, dass eigentlich konkurrierende Unternehmen solch ein Joint-Venture gründen, begleitet von den Interventionen der amerikanischen Flugzeughersteller dazu, dass die Gespräche über die Finanzierung künftiger Triebwerks- und Avionikverkäufe ausgesetzt wurden und das Projekt, von dem vor allem das Konstruktionsbüro Iljuschin wohl seit Beginn der 70er Jahre geträumt hatte, kurz vor der Verwirklichung aufgegeben wurde. Im Jahr 2001 wurden die PW2337-Triebwerke von den Flügeln der Testmaschinen genommen und durch russische PS-90A-Motoren ersetzt.

Einige Bemühungen, das Projekt aufrechtzuerhalten, wurden bis zum heutigen Tag fortgesetzt; Cubana bestellte drei Il-96-400T, Frachter, die zu Passagierflugzeugen umgerüstet werden sollten, was jedoch bisher nicht geschehen ist. Das russische Militär bestellte zwei Tankflugzeuge des Typs Il-96-400TS, in der Lage bis zu 65 Tonnen Kerosin zusätzlich mitzuführen und damit andere Flugzeuge in der Luft zu betanken. Dieses Projekt wurde aufgrund von Kostenüberschreitung 2017 aufgegeben und das russische Militär verzichtete auf die Maschinen. Drei Serienflugzeuge der Il-96-400T wurden 2007 gebaut und mehrere Jahre lang von der russischen Frachtfluggesellschaft Polet als Frachter geflogen. Mit dem Bankrott der Airline 2014 endete der zivile Einsatz der Il-96-400T, auch wenn das russische Militär die Maschine weiterhin betreibt.

Aeroflot leitete die Stilllegung ihrer Il-96-300 Ende 2013 vor, als der Typ lediglich auf Urlaubsflügen nach Antalya, Larnaca und Goa sowie auf der Route nach Taschkent zum Einsatz kamen. In den ersten Monaten des Jahres 2014 war Istanbul das letzte Linienziel, das täglich mit der Il-96 angeflogen wurde, sehr zur Freude vieler Luftfahrtenthusiasten, die hier relativ entspannt die Chance bekamen, diesen Typ „abzuhaken". Der

Polet Il-96-400T Frachter auf dem Flughafen Liège am 7. September 2010. **Guy Viselé**

allerletzte Aeroflot-Il-96-Flug wurde am 30. März mit der RA-96008 durchgeführt. Die Ära sowjetischer Flugzeuge in den Farban der Aeroflot war damit (erst einmal) vorbei. Heute ist die kubanische Cubana die einzige Airline, die Anfang 2022 zumindest eine Il-96-300 regelmäßig auf Passagierflügen, so z.B. regelmäßig nach Buenos Aires, einsetzt. Noch 2015 stockte die Airline ihre Flotte durch eine gebrauchte Maschine (die ehemalige Aeroflot-RA-96008, die auf CU-T1717 umregistriert wurde) auf vier Maschinen auf. und beflog mit der Il-96 Strecken nach Madrid, Paris oder Sao Paulo.

Auch für die russische Regierung kommt das Muster noch fleißig zum Einsatz, Wladimir Putin reist in der Regel mit einer Il-96, zumindest auf längeren Auslandsreisen. Und die russische Industrie will das Projekt trotz aller Rückschläge einfach nicht aufgeben. Aktuell befinden sich einige Il-96, einige -300 (bestimmt für das russische Militär) und der Prototyp der Il-96-400M offensichtlich in der (End-)montage. Ob und wie sich darüberhinaus jemals Abnehmer finden werden, ist höchst fraglich. Und somit scheint die Il-96, das letzte Großraumflugzeug der Sowjetunion, einen langsamen Tod zu sterben, auch wenn einige Exemplare womöglich noch einige gute Jahre vor sich haben. Die Zahl der gebauten Il-86 (106) und Il-96 (bisher 30) mag gering scheinen. Doch muss man berücksichtigen, in welch herausfordernden wirtschaftlichen und politischen Zeiten beide entstanden, sind sie beide bemerkenswerte Flugzeuge. Die Il-86, so ineffizient sie aufgrund ihrer Triebwerke am Ende blieb, beförderte nie gekannte Passagiermengen zuverlässig auch über weitere Strecken, die Il-96 war zumindest für einige Jahre das Flaggschiff der Aeroflot und flog von Moskau nach New York, Sao Paulo, Tokio, San Francisco oder London. Kein einziger Passagier kam auf einem Unfall mit einem der beiden Muster zu Schaden. Und man wird sehen, welch interessante Wendung zumindest die Karriere der Il-96 womöglich noch nehmen wird.

Il-96-400WPU des russischen Geheimdiensts FSB. **Artjom Kuschlew**

Fjodor Borisow Transport-Photo Images

Tupolew Tu-204 & -214

Brücke in die Zukunft

Das Tupolew Konstruktionsbüro befasste sich schon früh mit möglichen Nachfolgern seines größten Erfolgs, der Tu-154. Mitte der 1970er Jahre entstanden verschiedene Entwürfe, einer davon hatte eine erstaunliche Ähnlichkeit zur Lockheed L-1011 Tristar und trug zum ersten Mal die Bezeichnung Tu-204. Im Januar 1979 wurde Leonid Seljakow zum Leiter des Programms ernannt. Er drängte sehr darauf, eine stärkere Version des D-90-Triebwerks zu entwickeln, so dass das neue Flugzeugmuster mit zwei Triebwerken auskommen würde. Bei einer zügigen Entwicklung und Erprobung hätte man zeitlich sogar mit der Boeing 767 mithalten können, dem zweiten Großraumflugzeug mit nur zwei Triebwerken nach dem Airbus A300. Aber es kam alles etwas anders.

Am 11. August 1981 erließ der sowjetische Ministerrat die Weisung, die Arbeiten an einem Ersatz für die Tu-154 zu beginnen. Inzwischen unterstrichen die neusten Produkte aus dem Hause Boeing die Vision von Airbus: Flugzeugen mit nur zwei Triebwerken (zumindest bis zu einer gewissen Größe) gehörte die Zukunft! Der sowjetische Minister für Flugzeugindustrie, Iwan Silajew, verlangte Anspruchsvolles: das neue Flugzeug sollte nur halb so viel Treibstoff wie die Tu-154 verbrauchen und mit der allermodernsten Technologie ausgestattet werden. Silajew bestand zunächst auf der Beibehaltung des ursprünglichen Tu-204-Großraumrumpfes, ebenso wie der Leiter des Tu-204-Programms, Leonid Seljakow. Doch der Gründer und Leiter des Konstruktionsbüros, Alexej Tupolew, votierte für eine Schmalrumpfversion und setzte sich am Ende mit dieser Meinung durch. Seljakow trat entnervt zurück und wurde durch Lew Lanowski ersetzt, der fortan die Verantwortung für das Programm übernahm, von der Konzeption über die Konstruktion und Erprobung bis zur ersten Auslieferung.

Beim Konstruktionsbüro Solowjow arbeitete man hart an der Entwicklung eines Zweiwellen-Mantelstromtriebwerks, das es mit ähnlichen Triebwerken aus dem Westen, wie dem Pratt & Whitney JT9D, dem General Electric CF6 und dem Rolls-Royce RB211, aufnehmen sollte. Das Iljuschin Konstruktionsbüro war gerade dabei, sein Kurz- und Mittelstrecken-Großraumflugzeug Il-86 zu modernisieren, woraus die Il-96 wurde, und hatte ebenfalls großes Interesse an einem solchen Triebwerk. Und das D-90, später wurde es auf die Bezeichnung PS-90A umgetauft, halbierte tatsächlich den Treibstoffverbrauch und reduzierte auch den Lärmpegel und die Abgasemissionen im Vergleich zu früheren sowjetischen Düsentriebwerken deutlich. Es war dieses moderne Triebwerk, das die zweistrahlige Tu-204 Realität werden ließ.

Am 18. Januar 1986 folgte ein weiterer Erlass aus dem Ministerrat, in dem die Schmalrumpfkonfiguration des neuen Flugzeugs festgeschrieben wurde. Der Erstflug war für 1988, die Indienststellung für Anfang der 1990er Jahre vorgesehen. Als Produktionsstätte wurde der Uljanowsker Industriekomplex für Luftfahrt (heute bekannt unter dem Namen Aviastar) in gleichnamiger Stadt ausgewählt, rund 900 Kilometer östlich von Moskau am Don gelegen. Bisher war das Werk hauptsächlich für die Produktion des Transportflugzeugs Antonow An-124 Ruslan bekannt.

Die Konstruktion des Flugzeugs beinhaltete einige recht revolutionäre Neuheiten: der Flügel mit hohem Streckungsverhältnis verfügte über eine superkritische Oberseite, um den Luftwiderstand zu verringern. Das Design der Flügelspitzen, der Triebwerksaufhängungen und der Rumpf-Flügel-Verbindung wurde verfeinert, um den Luftwiderstand zu minimieren. Der Wildwuchs an Antennen, Sensoren, Pitotköpfen ähnlichen Vorrichtungen am Flugzeugäußeren, wie ihn andere sowjetische Modelle aufwiesen, wurde auf ein Minimum reduziert. Wo sich diese nicht vermeiden ließen, wurde ihre aerodynamische Form optimiert. Die Konstruktion wurde um ein System ergänzt, mit dem Treibstoff aus den Flügeltanks in das Seitenleitwerk gepumpt werden kann, um den Schwerpunkt nach hinten zu verlagern und so die Belastung (und damit den Luftwiderstand) des Seitenleitwerks und des Rumpfes selbst zu verringern. Im späteren Reiseflug oder Sinkflug wurde der Treibstoff dann in die Flügeltanks zurückgepumpt.

Durch die Verwendung allerneuster Leichtbau-Aluminiumlegierungen und Verbundwerkstoffe sowohl beim Flugzeugäußeren als auch innerhalb der Kabine konnten rund 1.200 Kilogramm Gewicht eingespart werden. Die Verwendung längerer gefräster und halbfertiger Bleche bedeutete, dass die Nietverbindungen am Rumpf auf ein Minimum reduziert und an den Flügeln ganz weggelassen wurden, was sowohl den Luftwiderstand als auch das Strukturgewicht reduzierte.

Die größte Weiterentwicklung gegenüber den Vorgängermodellen fand jedoch unter der Flugzeughaut statt: die Tu-204 war ein Vorreiter bei der Fly-by-Wire-Flugsteuerung (bei der die physischen Verbindungen wie Stahlseile oder Hydraulikleitungen zwischen dem

Tu-204-Produktion im Aviastar-Werk in Uljanowsk. **Leonid Faerberg** Transport-Photo Images

Eine Tu-204 auf dem Pariser Aérosalon 1991. **Pete Hatzakos**

Die RA-64008 verblieb für einige Jahre beim Tupolew-Designbüro und flog danach bei Vnukovo Airlines. **Tom Singfield**

Die Tu-204 diente als Testflugzeug für die Rolls-Royce RB211-Triebwerke, hier gesehen in Farnborough. **Guy Viselé**

Tu-204-120CE Frachter im Einsatz für Air China Cargo. **Leonid Faerberg** Transport-Photo Images

Cockpit und den Steuerflächen an den Flügeln und am Heck durch Drähte, die elektrische Signale von Sensoren dorthin übertragen, ersetzt wurden). Diese neue Technologie wurde bis dahin nur beim bahnbrechenden Airbus A320 und der Concorde eingesetzt. Auch das Y-förmige Steuerhorn selbst war damals neu für ein sowjetisches Linienflugzeug. Ähnliche Modelle kamen vor allem bei der Concorde und modernen Embraer-Jets zum Einsatz. Auch die volldigitale Triebwerkssteuerung FADEC (Full Authority Digital Engine Control) für die PS-90A-Triebwerke war eine kleine technologische Revolution.

Durch den hohen Grad an Automatisierung und Computerisierung des Cockpits war es nun, zumindest aus technischer Sicht, nicht mehr notwendig, zusätzlich zu den beiden Piloten einen Flugingenieur einzusetzen. In der Sowjetunion ging es jedoch nicht immer in erster Linie um Effizienz, sondern auch um die Beschäftigung des Großteils der Bevölkerung. So auch hier: gewissermaßen aus politischen Gründen blieb der dritte Pilot auf der Tu-204 zumindest zunächst einmal erhalten. Seine Aufgabe bestand hauptsächlich darin, die Bedienelemente an der oberen und der Mittelkonsole zu bedienen. Traditionell war auch die manuelle Bedienung der Schubhebel, doch bei der Tu-204 waren diese weitgehend automatisiert, diese Aufgabe entfiel somit.

Es wurden zwei Prototypen gebaut, die CCCP-64001, die fliegen sollte und ein weiteres Flugzeug für statische Tests, das am Boden verbleiben würde.. Genau wie bei der ersten Tu-104 im Jahr 1955 und vielen weiteren Flugzeugen seither wurden nach der Fertigstellung im Werk in Moskau erste Rollversuche und Systemtests am Boden durchgeführt, ehe das Flugzeug zerlegt und per LKW nach Schukowski transportiert wurde, von wo aus der Erstflug startete. Für diesen war eine vierköpfige Cockpitbesatzung eingeteilt. Am 2. Januar 1989 um 12:48 Ortszeit hob die CCCP-64001 zum ersten Mal in den kalten Winterhimmel ab und absolvierte einen erfolgreichen ersten Flug von 32 Minuten Dauer.

Eine Tu-204-120 der Air Cairo mit Rolls-Royce-Triebwerken, im Einsatz für Mahan Air im Iran. **Konstantin von Wedelstaedt**

Aviastar betreibt diesen Tu-204-100C-Frachter in den sensationellen Farben der Russischen Post. **Artjom Kuschlew**

Cubana Tu-204-100CE-Frachter bei der Landung in Quito im März 2010. Die kubanische Airline hatte bis zu vier Tu-204 im Einsatz. **Andres Ramirez**

Das Testflugprogramm für sowjetische Düsenflugzeuge bestand traditionell aus zwei Abschnitten: in der ersten erprobte der Hersteller das neue Modell und konnte während dieser Phase eventuelle Fehler ausbügeln und Leistungsvorhersagen bestätigen (oder revidieren). In Phase zwei folgte die staatliche Erprobung mit dem Ziel der Musterzulassung. Bei der Tu-204 wurden die Tests erstmals kombiniert, da sie sich ohnehin oft duplizierten und sich so die Testphase effizienter durchführen ließ. Die Tu-204 wurde in den wohl turbulentesten Zeiten entwickelt, die die sowjetische Luftfahrtindustrie seit dem Zweiten Weltkrieg jemals erlebt hatte (und kurz später war gleich das ganze Land Geschichte). Trotz der sich rapide verschlechternden politischen und wirtschaftlichen Situation setzten das Entwicklungsteam und die Fabrikarbeiter in Uljanowsk die Arbeiten an diesem ehrgeizigen neuen Flugzeug unbeirrt fort.

Drei weitere Flugzeuge, die CCCP-64003, -64004 und -64006 wurden schnell Teil des Testprogramms, das auch Verkaufsbesuche bei potenziellen Kunden im Iran, Indien, den Vereinigten Arabischen Emiraten oder Thailand und Gastspiele auf den Flugshows in Farnborough und Paris umfasste. Ein Flugzeug wurde am 25. März 1993 an die Fluggesellschaft Vnukovo Airlines übergeben, die es für die Ausbildung von Flugbesatzungen und Bodenpersonal nutzte. Zunächst kam die Maschine nur auf Frachtflügen zum Einsatz, die sie aber auch in entlegenere Ecken der (ehemaligen) Sowjetunion führte, so ins kürzlich umbenannte Sankt Petersburg (früher Leningrad), nach Wolgograd, Jekaterinburg, Mineralnyje Vody, Norilsk, Omsk oder Almaty, Bischkek, Kiew und Taschkent. Diese Erprobungsflüge endeten am 20. Dezember, aber die Bürokratie des neuen Russlands war nicht wesentlich schneller als die der alten Sowjetunion und so zog sich die endgültige Zertifizierung noch ein weiteres Jahr hin, ehe sie im

Die RA-64008 in experimentellen Aeroflot-Farben.
Juri Kirsanow Transport-Photo Images

Diese Tu-204-100S RA-64021 wurde nach einer harten Landung in Norilsk 2016 abgeschrieben. **Guy Viselé**

Tu-234 RA-64001 nach ihrer Außerdienststellung in Schukowski.
Aeroprints dot com

Die Tu-214 RA-64501 in den KAPO-Werksfarben auf der Airshow in Farnborough 1996. **Tom Singfield**

Dezember 1994 erteilt wurde. 1992 hatten Berechnungen einen Bedarf von 145 Langstreckenflugzeugen des Typs Il-96 und nicht weniger als 530 Tu-204 allein für den Markt der ehemaligen Sowjetunion ergeben. Doch die Zeiten hatten sich geändert, das Geld war knapp und die Nachfrage sowohl nach Flugreisen als auch an Flugzeugen, um diese durchzuführen, brach in sich zusammen. Anstatt für teures Geld fabrikneue Flugzeuge anzuschaffen, entschieden sich die meisten Fluglinien, die Flugzeuge in ihrem Bestand zunächst weiter zu betreiben. Am 23. Februar 1996 nahm, ungeachtet der wirtschaftlichen Turbulenzen, die Tupolew 204 dennoch den Liniendienst auf, als Vnukovo Airines die RA-64011 auf einem Linienflug von ihrem Heimatflughafen Moskau Wnukowo nach Mineralnyje Vody einsetzte. Nachdem die ersten 15 Flugzeuge bei Aviastar ausgeliefert worden waren, wurde eine verbesserte Version entwickelt, die Tu-204-100, deren maximales Startgewicht auf zunächst 94,6 Tonnen und Reichweite auf 5.000 Kilometer gesteigert wurde.

Doch die nächste Entwicklungsstufe war noch bedeutsamer; zum ersten Mal seit der Mikoyan MiG-15 aus den frühen 1950er Jahren wurde ein in Russland gebautes Flugzeug von einem Rolls-Royce-Triebwerk angetrieben. Die Tu-204 war inzwischen so ausgereift, dass sie mit dem Rolls-Royce-Triebwerk RB.211 kompatibel war, das normalerweise bei der Lockheed L-1011 Tristar und zahlreichen Boeing 747, 757 und 767 verwendet wird. Diese Neuerung war natürlich auch ein Zeichen oder das Ergebnis des politischen Tauwetters. Noch wenige Jahre zuvor wäre solch ein Technologietransfer unmöglich gewesen. Die neue Version, die nach sowjetischer

Das Overhead Panel einer Rossiya Tu-204-300.

Alexander Mischin Transport-Photo Images

Tradition eigentlich Tu-204M hätte heißen müssen, wurde als Tu-204-120 bezeichnet.

Die Tu-204 CCCP-64004 wurde mit Rolls-Royce Triebwerken umgerüstet und hob im August 1992 als Tu-204-120 erstmals ab. Das erste Serienmodell der neuen Variante trug die Kennung RA-64027 und flog am 6. März 1997 zum ersten Mal. 1998 kam durch Vermittlung von Sirocco Aerospace der Verkauf von zwei Tu-204-120 an die ägyptische Air Cairo zustande, registriert als SU-EAF und SU-EAG. Die beiden Maschinen wurden am 11. November 1998 nach Ägypten abgeliefert, bereits im Januar 1999 folgte ein drittes Flugzeug, die SU-EAH.

Die Ideen für mögliche Um- und Nachrüstungen an der Tu-204 rissen nicht ab. Und so bekundete das Flugzeugwerk in Kasan, die Kazan Aircraft Production Association (auch bekann als KAPO) Interesse, das Flugzeug in leicht veränderter Form selber produzieren zu wollen. Die Hersteller genossen in der Sowjetunion (und später in Russland) ein recht hohes Maß an Unabhängigkeit von den Konstruktionsbüros und nahmen oft noch einige Änderungen vor. Die vom Werk in Kasan geplanten Veränderungen waren so umfangreich, dass das endgültige Flugzeug sogar eine neue Typenbezeichnung erhielt: Tupolew 214. Der sichtbarste Unterschied war eine vollwertige Passagiertür Nummer 2 vor den Tragflächen. Die Tu-204 hat zwei vollwertige Notausgänge auf beiden Seiten und zusätzlich zwei Notfensterpaare, die Tu-214 verfügt über drei Notausgangspaare und ein zusätzliches Paar Notfenster. Die Tu-214 verfügte über zwei zusätzliche Treibstofftanks, wodurch sich die Reichweite deutlich erhöhte. Auch wurden einige strukturelle Verbesserungen vorgenommen, um das höhere Gesamtgewicht zu

Das sehr klare Cockpit einer Rossiya Tu-204-300. **Alexander Mischin** Transport-Photo Images

bewältigen. Der Erstflug der Tu-214 startete am 21. März 1996.

Aufgrund der größeren Reichweite und Nutzlastkapazität der Tu-214 gab der russische Staat diesem Muster gegenüber der Tu-204 den Vorzug als Plattform für verschiedene Sondereinsatzvarianten. Und so sind heute zwar keine Tu-214 mehr im regulären Passagiereinsatz, aber es finden sich eine ganze Reihe Flugzeuge im Einsatz auf den interessantesten Missionen: die Tu-214ON ist ein geologisches Vermessungsflugzeug, das mit Panorama-, topografischen, thermografischen und Luftbildkameras sowie einem seitlichen Radar ausgestattet ist. Zwei dieser Flugzeuge sind meist auf sogenannten Open-Skies-Missionen im Einsatz: die RA-64519 flog zuerst am 1. Juni 2011, gefolgt von der RA-64525 am 18. Dezember 2013. Sie ersetzten mit diesen Aufgaben eine Tu-154 und eine An-30. Das russische Verteidigungsministerium betreibt sechs Tu-214PU-Luftgefechtsstände und fünf weitere Tu-214SUS als Kommunikationsplattform. Weitere Flugzeuge sind bereits im Einsatz als Aufklärer oder fliegender Teststand und die russische Regierung plant, weitere ehemalige Passagiermaschinen, die derzeit an russischen Flughäfen abgestellt sind, zum Beispiel als U-Boot-Jagdflugzeug einzusetzen.

Ursprüngliche Pläne sahen vor, die Tu-204 als Plattform für eine ganze Flugzeugfamilie zu nutzen, so wie z.B. aus dem Airbus A320 später der gestreckte Airbus A321 und die kleineren A319 und A318 entwickelt wurden. So wurde zunächst eine verkürzte Version der Tu-204 entwickelt, die Tu-204-300, intern auch als Tu-234 benannt. Mit einem kürzeren und damit leichteren Rumpf, aber den gleichen Tragflächen, Triebwerken und Treibstofftanks war die -300 eine besonders leistungsstarke Variante, die nicht nur eine Reichweite von rund 9.000 Kilometern aufwies, sondern auch von kurzen oder schlecht ausgebauten Start- und Landebahnen operieren konnte.

Fünf Red Wings Tu-204 auf dem Flughafen Domodedowo. **Alexander Mischin** Transport-Photo Images

Die einzige Tu-204-300 der Air Koryo auf dem Vorfeld von Pjöngjang. **Simon De Rudder**

Tu-204 im Einsatz als VIP-Flugzeug: die Tu-204-300 RA-64010 der Business Aero, fotografiert in St. Petersburg im April 2019. **Simon De Rudder**

Bereits 1994 wurde der Tu-204-Prototyp RA-64001 zu einem nicht fliegenden Tu-204-300-Demonstrator umgebaut, doch erst fast zehn Jahre später, am 16. August 2003, absolvierte der echte Tu-204-300 Prototoyp, RA-64026, seinen Erstflug. Am gleichen Tag wurde sie mit einem Vorbeiflug auf der MAKS Airshow am Flughafen Schukowksi der Öffentlichkeit vorgestellt. Die erste Serienmaschine der Tu-204-300 wurde am 20. Mai 2005 an Vladivostok Avia übergeben und am 27. Juni offiziell in Dienst gestellt. Vnukovo Airlines übernahm insgesamt fünf Maschinen, und Rossiya, eine Tochtergesellschaft der russischen Regierung, nahm vier Maschinen ab. Eine davon wurde in einer VIP-Version abgeliefert.

Obwohl die Hightech-Tupolew gleich in zwei verschiedenen Werken, in Uljanowsk und Kasan, produziert wurde, fanden sich kaum einheimische Kunden. Die meisten Fluggesellschaften verfügten zu jener Zeit kaum über flüssige Mittel. Und darüberhinaus gab es noch hunderte von Flugzeugen aus Sowjetproduktion, die zwar technisch nicht auf dem neusten Stand waren, aber entweder bereits abbezahlt oder für sehr kleines Geld gebraucht zu haben. Die Tu-154 und Il-62 wurden sogar noch bis Mitte der 1990er Jahre produziert, es herrschte also kein Mangel an sehr viel günstigeren Flugzeugen, viele davon mit wenigen Flugstunden auf dem Buckel. Selbst veraltete Maschinen wie die Tu-154B, die Il-62 Basisversion oder die Tu-134 waren einigermaßen rentabel zu betreiben: die Anschaffungskosten waren vernachlässigbar, der Treibstoff billig und die Erwartungen der Passagiere was Komfort anging meist gering.

Auch der Verkauf des neuen Flugzeugmusters ins Ausland lief äußerst schleppend. Obwohl der Kaufpreis einer neuen Tupolew verglichen mit den neusten Boeing- oder Airbus-Flugzeugen sehr günstig war, verkauften sich die Tupolews nicht. Ein Hauptproblem war die Versorgung mit Ersatzteilen und technischem Support. Sowohl Boeing als auch Airbus verfügen über ein globales Netzwerk, wenn ein Flugzeug einen

Diese beiden Tu-204-300 flogen zwischen 2005 und 2013 bei Vladivostok Avia. **Leonid Faerberg** Transport-Photo Images

technischen Defekt erleidet, ist das Ersatzteil oder der Wartungsbetrieb, der sich darum kümmern kann, nie weit. Tupolew hatte außerhalb Russlands quasi nichts anzubieten, mehrsprachiger Support existierte so gut wie gar nicht und das machte es westlichen Betreibern schwer, sich für die Tu-204 zu begeistern, da konnten die Anschaffungskosten noch so niedrig sein.

Obwohl die Tu-204 kaum Absatz fand, lief die Produktion sowohl bei Aviastar in Uljanowsk als auch bei KAPO in Kasan durchgehend weiter, wenn auch auf unheimlich niedrigem Niveau von manchmal nur einem Flugzeug pro Jahr (1990, 1995, 1998 und 2014), in anderen Jahren immerhin zwei (1991, 1992, 1994, 1999, 2004 und 2007). Einige russische Airlines, die die Tu-204 oder -214 betrieben waren Transaero mit fünf Maschinen, Kras Air aus der Stadt Krasnojarsk mit bis zu sechs Flugzeugen oder Dalavia, die ihre Basis in Chabarowsk im Osten Russlands hatte (fünf Flugzeuge). Auch die vom Werk in Uljanowsk gegründete werkseigene Fluglinie Aviastar betrieb einige unverkaufte Maschinen kurzerhand selber auf Chartereinsätzen. Das Werk in Kasan verfügte ebenso über eine eigene Fluggesellschaft, die sowohl in Uljanowsk gebaute Tu-204 als auch ihre eigenen Tu-214 auf Charter- und Frachtflügen innerhalb Russlands und ins Ausland einsetzte.

Nach und nach wurden tatsächlich einige Exportkunden gefunden: so übernahm die größte private iranische Fluggesellschaft Mahan Air gleich zwei Tu-204-120 von Cairo Aviation, die SU-EAI und -EAF, und malte dieses in ihre eigene weiß-grüne Lackierung um. Die beiden Flugzeuge kamen hauptsächlich auf der stark frequentierten Strecke von Teheran nach Dubai zum Einsatz. Der Leasingvertrag lief von Oktober 2005 bis Dezember 2006. Nach dessen Ende gab eine dritte Maschine von Cairo Aviation, die SU-EAI, ab März 2007 für weitere drei Monate ein Gastspiel im Iran.

Auch eine einzelne Tu-204-300 wurde tatsächlich ins Ausland exportiert: die zwölfte in Uljanowsk vom Band gelaufene Tu-204 wurde von Vnukovo Airlines zurückgegeben, als das Tu-204-300-Programm

Transaero war die wichtigste Passagierairline, die die Tu-214 betrieb. Hier in Moskau-Domodedovo im Juli 2015. **Marius Höpner**

Tu-204-300 RF-64046 des russischen Innnenministeriums, fotografiert in St. Petersburg im November 2021. **Marius Höpner**

Als Frachter hat sich die Tu-204 als langlebiger erwiesen als als Passagierflugzeug. Hier eine Maschine der Aviastar (RA-64024) im Einsatz für DHL, fotografiert im Juni 2018 in Moskau-Scheremetjewo nach der Landung aus Leipzig. **Simon De Rudder**

begann. Zwei Rumpfteile wurden herausgeschnitten und der Rest wieder zusammengesetzt, wodurch eine neue Tu-204-300 entstand (die Flugstunden wurden auf Null zurückgesetzt). Diese Maschine wurde zur P-632, der ersten Tu-204, die an Nordkoreas nationale Fluggesellschaft Air Koryo ausgeliefert wurde und am Heiligabend 2007 auf deren Basis in Pjöngjang eintraf. Eine weitere, reguläre Tu-204-100 folgte am 17. Januar 2010 und machte das Duo komplett. Beide Maschinen sind auch heute noch als Flaggschiffe Nordkoreas im Einsatz.

Das andere Land, das nach dem Untergang der Sowjetunion dem Sozialismus und der Planwirtschaft treu blieb, war Kuba. 2007 erhielt die kubanische Fluglinie Cubana drei Tu-204-100, als erstes die CU-C1700, die am 4. September Havanna eintraf, gefolgt von der CU-C1701 und der CU-C1702 am 28. Dezember. Eine vierte Maschine, die CU-C1703, komplettierte die Bestellung etwas mehr als ein Jahr später. Momentan scheint keine der vier Maschinen mehr im aktiven Einsatz zu sein, auch wenn sie der Cubana jahrelang auf Mittelstrecken gute Dienste leisteten.

Diese überschaubaren Exporterfolge dürfen nicht darüber hinwegtäuschen, dass die meisten geplanten oder angekündigten Tu-204-Exporte platzten oder gar nicht erst zustande kamen, so ein Auftrag der Air Zimbabwe oder eine iranische Bestellung über gleich 40 Maschinen für Iran Air Tour, Caspian Airlines und Kish Air. Auch wenn man in Russland die Hoffnung hatte, mit der Tu-204 bei Airlines, deren Länder unter westlichem Embargo standen (wie z.B. solche aus dem Iran) Erfolge landen zu können, ging dieser Plan am Ende nicht (oder nur sehr begrenzt) auf. Selbst die mit russischen PS-90A-Triebwerken angetriebenen Tu-204 enthielten jede Menge westliche Avionik wie das Honeywell Navigationssystem, das TCAS von Allied-Signal oder Collins und das GPS von Litton. Auch die russischen Triebwerke selbst enthielten Elemente, die in Zusammenarbeit mit Pratt & Whitney entwickelt worden waren. Exportverkäufe an sanktionierte Länder hätten also auf keinen Fall reibungslos funktioniert. Viel schwerer aber wog wahrscheinlich abermals die Tatsache, dass Tupolew außerhalb Russlands nur einen sehr begrenzten technischen Support anbieten konnte. Ob es am Ende politische oder operative Gründe waren, die z.B. den iranischen Großauftrag nicht zustande kommen ließen, ist am Ende einerlei. Er blieb am Ende nicht mehr als ein kleiner Hoffnungsschimmer für das Tu-204-Programm.

Trotz dieser enttäuschenden Verkaufszahlen arbeitete das Werk in Uljanowsk weiter an seiner Maschine und produzierte eine aktualisierte Version namens Tu-204SM, teilweise angespornt durch die besseren Leistungsdaten der Tu-214 von KAPO aus dem Werk in Kasan. Die Tu-204SM verfügte über das leistungsstärkere PS-90A2-Triebwerk, eine verbesserte Avionik, eine neue Hilfsturbine, eine bessere Klimaanlage für die Passagierkabine, eine von 21 Tonnen auf 23 Tonnen erhöhte Nutzlast, eine Reichweite von 4.500 Kilometern und ein echtes Zweimann-Cockpit, das den Flugingenieur endgültig überflüssig machte. Der Prototyp RA-64150 flog erstmals am 29. Dezember 2010, die ersten Auslieferungen an die russische Fluggesellschaft Red Wings waren für 2011 geplant, das Geschäft kam aber am Ende nicht zustande, auch wenn Red Wings bereits ältere Tu-204 operierte. Mangels Aufträgen ist der Prototyp die einzige noch existierende Tu-204SM und wird vom Werk Uljanowsk sporadisch geflogen. 2014 spielte sie unter anderem die Hauptrolle in dem russischen Film „The Crew 2".

Drei Maschinen gingen bei Unfällen verloren, aber glücklicherweise blieb die Zahl der Opfer sehr überschaubar. Beim ersten Vorfall, im Jahr 2010, setzte die werkseigene Aviastar Tu-204 RA-64011 bei dichtem Nebel kurz vor der Landebahn des Moskauer Flughafens Domodedowo auf. Sie kam als Überführungsflug ohne Passagiere an Bord aus Hurghada in Ägypten. Vier der acht Besatzungsmitglieder an Bord wurden verletzt, aber niemand kam ums Leben. Am 29. Dezember 2012 überschoss Red Wings-Flug 9268 nach der Landung auf der Landebahn des Flughafens Moskau-Wnukowo das Ende der Landebahn, als ein Softwarefehler dazu führte, dass die Triebwerke vollen

Die komfortable Kabine einer Red Wings Tu-204 auf dem Weg von Moskau nach Simferopol im Juni 2015. **Simon De Rudder**

Vorwärtsschub statt Rückwärtsschub erzeugten. Fünf der acht Besatzungsmitglieder an Bord verloren ihre Leben, Passagiere waren wiederum nicht an Bord, die Maschine kam auf einem Ferryflug aus Pardubice in der Tschechischen Republik. Am 8. Januar 2022 geriet auf dem chinesischen Flughafen Hangzhou der Tu-204-100C Frachter RA-64032 in Brand, als sich das Flugzeug gerade auf den Abflug vorbereitete. Nach den bisherigen Kenntnissen brach das Feuer im Frachtraum aus, bei Redaktionsschluss für dieses Buch lag jedoch noch kein Untersuchungsbericht vor. Die achtköpfige Besatzung konnte das Flugzeug unbeschadet verlassen. Trotz dieser drei Zwischenfälle hat sich die Tu-204 im Einsatz als sicher und zuverlässig erwiesen.

Die Geschichte der Tu-204 ist eine von Optimismus und Beharrlichkeit unter schwierigsten Umständen. Ein jahrzehntelang recht gut eingespieltes sozialistisches Wirtschaftssystem, in dem seit dem Ende des zweiten Weltkrieges einige Planeten um die Sonne Sowjetunion herumkreisten, brach plötzlich in sich zusammen und damit auch eine sehr zuverlässige und planbare Abnehmerschaft für Hightech-Produkte wie Flugzeuge, allen voran die gigantische Aeroflot, die oft hunderte Exemplare eines Musters kaufte. Die Tu-204 war zwar ein technologisch recht beeindruckendes Flugzeug mit zumindest erträglicher Wirtschaftlichkeit, aber sie bekam einfach keinen Fuß in die Tür, hatte gegen Konkurrenten wie Boeing und Airbus mit ihrem weltweiten Kundenservice und Ersatzteillagern sowie attraktiven Finanzierungsmodellen selbst für kleine Airlines keine Chance. Auch waren sowohl die Boeing 737- als auch die Airbus A320-Familie bereits weiter entwickelt, als die russische Industrie mit der Tu-204 technologisch zu ihnen aufschloss.

Sowohl die Tu-204 als auch die Tu-214 werden zumindest theoretisch noch gebaut. Wollte ein Kunde sie ordern, würden die Produktionsanlagen wohl mit Kusshand wieder angeworfen. Der einzige realistische Kunde scheint jedoch zumindest momentan das russische Militär zu sein, das sich aber derzeit anscheinend mit gebrauchten und umgebauten Maschinen begnügt. Im regulären Passagierdienst befinden sich momentan maximal eine Handvoll Flugzeuge, zwei darunter zwei bei der nordkoreanischen Air Koryo, wo sie sich auch wohl noch eine Weile halten werden. Das China Flight Test Establishment verfügt über eine einzige Tu-204-120, die ursprünglich als Frachter an Air China Cargo geliefert wurde. Deutlich mehr Flugzeuge sind als Frachter und auch als VIP-Flugzeuge unterwegs.

Mit nur 63 gebauten Exemplaren aller Varianten über einen Zeitraum von 26 Jahren könnte man die Tu-204 auf den ersten Blick für einen totalen Flop halten. Doch wenn man die Umstände berücksichtigt, unter denen diese technologische Höchstleistung vollbracht wurde, eine Zeit, in der sich ein Weltreich in seine Einzelteile zerlegte, dann ist sie doch höchst bemerkenswert. Die Produktionslinie wurde nicht nur offen gehalten, die Tu-204 wurde unter widrigsten Bedingungen auch immer weiter entwickelt und verfeinert. Was die Zuverlässigkeit und Effizienz angeht, braucht die Tu-204 kaum einen Vergleich zu scheuen. Der mangelnde kommerzielle Erfolg ist in erster Linie darauf zurückzuführen, dass man keinen weltweiten technischen Support liefern konnte, wie ihn westliche Hersteller potenziellen Kunden anbieten.

Da sich die wirtschaftliche Situation in Russland in den letzten Jahren stabilisiert hat, fand auch die einheimische Luft- und Raumfahrtindustrie ein Stück weit zu altem Glanz zurück. Besonders der Suchoi Superjet entwickelt sich kontinuierlich zu einem guten Erfolg, wenngleich hauptsächlich im russischen Inlandsmarkt. Auch das Programm Irkut MC-21 läuft weiter und verspricht kommerziell einigermaßen erfolgreich zu werden, auch wenn man die Stückzahlen westlicher Hersteller nie erreichen wird. Diese fortschrittlichen Flugzeuge „Made in Russia“ wären nicht möglich ohne die Erkenntnisse und Fortschritte, die das Tu-204-Programm mit sich brachte. Insofern war die Tu-204/-214 sicherlich kein kommerzieller Erfolg. Als Brücke für die russische Luftfahrtindustrie aus der postsowjetischen Ära in die Gegenwart war sie jedoch absolut essenziell.

Diese Tu-204-100B wurde im September 2008 fabrikneu an Red Wings ausgeliefert. **Artjom Kuschlew**

Artjom Kuschlew

Superjet, An-148 & MC-21

Auf neuen Pfaden

Die 1990er Jahre können als ein verlorenes Jahrzehnt betrachtet werden, da die Sowjetunion, ein Reich, das aus 15 Republiken bestand, völlig aus den Fugen geriet. Im Jahr 1990 allein wurden 715 zivile Verkehrsflugzeuge hergestellt, doch bis 1998 sank ihre Zahl drastisch auf nur 56. Und es ging weiter bergab: im Jahr 2000 wurden nur noch vier Flugzeuge hergestellt.

Abgesehen von den Turboprop-Flugzeugen Iljuschin Il-114 und Antonow An-140, die beide außerhalb Russlands (in Usbekistan bzw. in der Ukraine) und in sehr geringen Stückzahlen (20 bzw. 35) gebaut wurden, konzentrierte sich die Produktion in den 1990er Jahren auf die Fortführung veralteter sowjetischer Konstruktionen, wobei die Il-62 bis 1995 (und eine weitere 2005) in Kasan und die Tu-154 bis 1998 (und ein paar Einzelstücke in den 2000er Jahren) in Samara hergestellt wurden. Diese „Nachkömmlinge" wurden vor allem in Russland eingesetzt, einige wenige auch im Sudan, im Iran und in Osteuropa. Sie waren für die damalige Zeit ineffizient und dienten lediglich als Überbrückungsmaßnahme für Airlines mit knappem Budget, die so zu einem sehr günstigen Preis an ein immerhin fabrikneues Flugzeug kamen.

Trotz der Hindernisse, die das politische und wirtschaftliche Chaos im postsowjetischen Russland mit sich brachte, wurden an neuen Konstruktionen gearbeitet, bestehende wurden kontinuierlich verbessert. So entstand eine Reihe historischer Kuriositäten, von denen aber bisher keine dauerhaften Erfolg hatte.

Das Tupolew-Konstruktionsbüro schuf die Tu-334 (die Papiervarianten Tu-324 und Tu-414 wurden nicht gebaut), die auf dem Rumpf und dem Cockpit der Tu-204 basierte, aber verkürzt und mit einem Paar Iwtschenko-Progress D-436-Turbinen ausgestattet war, die am hinteren Rumpf unter einem T-Leitwerk montiert waren. Das Flugzeug erinnerte ein wenig an die Douglas DC-9 oder eine sehr fortschrittliche Tu-134. Eigentlich sollte die Maschine mit Propfan-Antrieb ausgestattet werden, wobei die Jet-Version eine Brückenlösung war, bis die großen Lotarew-Propeller verfügbar waren. Westliche Firmen verfolgten ähnliche Pläne: Ein McDonnell Douglas MD-80-Demonstrator flog mit einem General Electric GE36 in einer der beiden Triebwerksaufhängungen, als Vorläufer einer vollständig propellergetriebenen Variante, die auf dem Papier als MD-94X bekannt war.

Propeller können zwar extrem treibstoffsparend sein, verlieren aber mit zunehmender Geschwindigkeit und Größe an Effizienz. Außerdem sind sie tendenziell sehr laut, sowohl inner- als auch außerhalb der Kabine. Für diese Probleme gab es weder von den russischen, ukrainischen noch den westlichen Herstellern eine (schnelle) Lösung, so dass die Tu-334 ein strahlgetriebenes Flugzeug blieb. Von ihr wurden zwar zwei Exemplare gebaut und geflogen, aber angesichts der totalen Marktbeherrschung durch Airbus, Boeing und McDonnell Douglas, von deren MD-95, der späteren Boeing 717, nur 156 Exemplare verkauft wurden, hatte das Flugzeug nie eine Chance. Das generelle Interesse

Die Tu-334 im spektakulären Vorbeiflug auf der MAKS 2007 auf dem Flughafen Schukowski. **Sergej Rjabtsew via Wikimedia Commons**

Weniger schön anzusehen: die Tu-334, abgestellt in Schukowski im Jahr 2019. **Artjom Kuschlew**

an einem Flugzeug dieser Größe und Spezifikationen schien allgemein sehr überschaubar. Die Tu-334 flog zum ersten Mal am 8. Februar 1999, wurde aber nie mehr als eine willkommene Rarität auf Airshows. 2009 wurde das Projekt offiziell eingestellt.

Ein großes Problem für die ehemals sowjetische Luft- und Raumfahrtindustrie: mit dem Zusammenbruch des Riesenreiches befanden sich wichtige Einrichtungen und Standorte plötzlich außerhalb der (russischen) Landesgrenzen. So befand sich das riesige Flugzeugbau- und Wartungszentrum in Taschkent, in dem unter anderem das Frachtflugzeug Iljuschin Il-76 gebaut wurde, im nun unabhängigen Usbekistan. Die Raumfahrtbasis Baikonur, gewissermaßen das Cape Canaveral der Sowjetunion, das Tor zu den Sternen, befand sich inmitten der Steppe Kasachstans.

Auch das Antonow-Konstruktionsbüro und -Flugzeugwerk außerhalb von Kiew in der Ukraine, das für den größten Doppeldecker der Welt, die An-2, mit mehr als 18.000 produzierten Exemplaren, sowie für die größten Flugzeuge der Welt, den riesigen Frachter An-124 (55 Exemplare) und seinen großen Bruder, die sechsmotorige An-225, verantwortlich war, befand sich plötzlich in einem anderen Land.

Bei Antonow arbeitete man in den 1990er Jahren an einer neuen Konstruktion, aus dem die An-148 hervorging, die am 17. Dezember 2004 erstmals flog. Mit ihrem hohen, oben auf dem Rumpf montierten Flügel und dem T-Leitwerk ähnelt sie einer zweimotorigen BAe 146 von British Aerospace. Bei den Triebwerken handelte es sich um die gleichen Progress D-436 wie bei der Tu-334, die in der Ukraine vom Triebwerkswerk Motor Sich gebaut wurden. Die Innenausstattung bedeutete einen echten Schritt nach vorn für sowjetische und postsowjetische Jets. Die Kabine war erfrischend modern und konnte es mit jedem Konkurrenten aus dem Westen aufnehmen. Die Produktion des neuen Flugzeugs begann in Kiew und auch bei VASO im russischen Woronesch. Der erste kommerzielle An-148-Flug wurde von der ukrainischen AeroSvit durchgeführt, einer einstmals

Rossiya An-148 RA-61701 auf dem Flughafen Perm. **Simon De Rudder**

Die allererste An-148 im Passagierdienst - die UR-NTA der Aerosvit, aufgenommen in Warschau im Mai 2010. **Pawel Guraj**

Vielleicht die schönste Bemalung, die eine An-148 jemals getragen hat? Die An-148 RA-61704 der Saratov Airlines beim Start in Moskau-Domodedowo. Dieses Flugzeug stürzte am 11. Februar 2018 ab. **Artjom Kuschlew**

Kabinenfoto einer Air Ocean Airlines An-148, aufgenommen im Jahr 2021. **Simon De Rudder**

Die An-148 UR-CTF der kurzlebigen Air Ocean Airlines aus der Ukraine, aufgenommen im November 2021 in Lwiw. **Bas Bonsel**

Ein seltener Gast in den USA: Cubana Antonow 158 auf dem Flughafen Newburgh Stewart International im September 2015. Das Flugzeug brachte eine Delegation zur UN-Vollversammlung in New York. **Bas Bonsel**

großen Fluggesellschaft, die auch Boeing 767 auf Langstreckenflügen nach New York und Bangkok und ein lokales und europäisches Streckennetz mit Boeing 737 betrieb. Die An-148 UR-NTA flog am 2. Juni 2009 von Charkiw, der zweitgrößten Stadt der Ukraine, in die Hauptstadt Kiew. Bald schon wurden Lwiw und Odessa regelmäßige An-148-Ziele. Auch in Russland ging das Flugzeug zügig in den Linieneinsatz: am 21. Dezember 2009 setzte Rossiya es erstmals auf der Strecke von St. Petersburg nach Moskau ein. Am 15. Februar 2010 startete die erste Linienverbindung ins Ausland, als AeroSvit mit der An-148 Flüge von Kiew nach Warschau aufnahm.

Während die An-148 und ihre leicht gestreckte Variante, die An-158, von den Fluggästen gut angenommen wurden, konnte sich das in zwei verschiedenen Ländern in winzigen Stückzahlen gebaute Flugzeug aufgrund seiner umständlichen Logistik und der mangelnden Verfügbarkeit von Ersatzteilen auf dem Markt nur schwer behaupten (während für Airbus und Boeing aufgrund des Umfangs der Produktion und der Nachfrage an den meisten großen Flughäfen riesige Ersatzteillager zur Verfügung stehen). Wenn man sich die Geschichte des post-(sowjetischen) Flugzeugbaus, vor allem in der jüngeren Zeit, anschaut, scheint die Konstruktion eines technisch anspruchsvollen Düsenflugzeugs mitunter eine leichtere Aufgabe zu sein, als die effiziente Versorgung mit Ersatzteilen und technischem Support potenzieller Kunden (die sehr geringen Stückzahlen machten nichts einfacher). Zumindest sind an diesem viele Verkäufe immer wieder gescheitert.

Zwischen 2004 und 2018 wurden immerhin 47 An-148 gebaut, etwa fünf pro Jahr (in der Spitze sechs in den Jahren 2010 und 2011 und neun im Jahr 2013). Sie wurden an russische und ukrainische Fluggesellschaften ausgeliefert, ein Paar ging an die nordkoreanische Air Koryo (eine davon wurde von Staatschef Kim Jong Un persönlich geflogen), drei an Cubana.

Auf ganz ähnliche Weise wie später beim Suchoi Superjet 100 wurde die Karriere der ohnehin schon angeschlagenen Antonow 148 durch einen Absturz weiter erschwert, auch wenn dieser nicht Schuld des Flugzeugs war. Am 11. Februar 2018 stürzte eine Maschine der Saratov Airlines, die RA-61704, auf dem Flug 703 von Moskau nach Orsk kurz nach dem Start ab, wobei alle 71 Insassen ums Leben kamen. Als Unfallursache stellte sich heraus, dass die Cockpitcrew es versäumt hatte, das Enteisungssystem zu aktivieren. Das führt zunächst zu unzuverlässigen Geschwindigkeitsanzeigen, da die Sonden vereisten, und anschließend zum kompletten Kontrollverlust über das Flugzeug. Das Muster wurde in Russland für einige Zeit mit einem Flugverbot belegt, und obwohl die Untersuchungsergebnisse einen Pilotenfehler nachwiesen, ließ sich sein Ruf nicht vollständig wiederherstellen.

Den mangelnden Erfolg bei Projekten der zivilen Luftfahrt, einem der einstmals stärksten Industriezweige der Sowjetunion, wollte Russland nicht auf sich sitzen lassen. Eine erste Konsolidierungsmaßnahme führte im Jahr 2000 zur Gründung des VPK-MAPO-Konglomerats, das jedoch keine messbaren Ergebnisse erzielte und später in das Suchoi Konstruktionsbüro eingegliedert wurde. Die nächste Konsolidierungswelle führte 2006 zur Gründung der United Aircraft Corporation durch einen Präsidialerlass Wladimir Putins, in dem die Anteile von Iljuschin, Tupolew, Suchoi, Mikojan, Irkut und Jakowlew zusammengelegt wurden. Dieser Zusammenschluss war erfolgreicher, was auch mit der inzwischen wirtschaftlich freundlicheren Situation Russlands zu tun hatte.

Das Prestigeprojekt (zumindest bei den zivilen Verkehrsflugzeugen) der neu gegründeten United Aircraft Corporation (UAC) wurde der Suchoi 100 Superjet, ein neu konstruierter zweistrahliger Jet mit Platz für rund 90 Passagiere und einer Reichweite von bis zu 4.500 Kilometern. Das Projekt begann unter dem Namen RRJ (Russian Regional Jet), mit Flugzeugen in drei verschiedenen Größen: dem RRJ60, RRJ75 und RRJ95, wobei die Modellnummern die vorgesehene Sitzplatzkapazität jeder Variante widerspiegelten.

Suchoi Superjet vor der italienischen Küste nahe San Remo. **Katsuhiko Tokunaga/SuperJet International**

Wahrscheinlich der (bisher) außergewöhnlichste Betreiber des Suchoi Superjets war die kurzlebige Lao Central Airlines aus Laos.
Wikimedia Commons

Suchoi Superjet der armenischen Armavia auf dem Moskauer Flughafen Wnukowo im Jahr 2011. **Marius Höpner**

Aeroflot Superjet in Ufa im April 2019. **Simon De Rudder**

Die Kabine eines Aeroflot Suchoi Superjets. **Simon De Rudder**

Die mexikanische Interjet war mit Abstand der größte ausländische Betreiber des Superjets. Die XA-OUI ist hier auf dem Flughafen Miami zu sehen.
Alexandre Fazan

Das sehr klare und aufgeräumte Cockpit eines Cityjet Superjets.
Marius Höpner

Angesichts des Tauwetters nach dem Kalten Krieg floss in den neuen Jet viel westliches Know-how ein, Boeing hatte eine beratende Funktion, und als Triebwerk wurde das PowerJet SaM 146 ausgewählt, gemeinsam entwickelt durch die russische United Engine Corporation und Safran (ehemals Snecma) aus Frankreich.

Zu den Komponenten aus dem Westen zählte die Avionik von Thales, das Fahrwerk von Messier-Bugatti-Dowty, das Hilfstriebwerk von Honeywell, das Fly-by-Wire-Steuerungssystem von Liebherr, das Kraftstoffsystem von Intertechnique, die Hydraulik von Parker Hannifin und eine moderne und komfortable Innenausstattung von B/E Aerospace.

Die Modelle RRJ60 und RRJ75 erwiesen sich noch während der Entwicklung als zu klein, um effizient zu sein, und die Variante RRJ95, die in Sukhoi Superjet 100 umbenannt wurde, rückte in den Fokus. Die Produktion wurde dem Flugzeugwerk KnAAPO in Komsomolsk, im Fernen Osten Russlands, nördlich von Chabarowsk, übertragen. Das Werk ist das größte seiner Art in Russland und kann auf eine Geschichte zurückblicken, die bis ins Jahr 1920 zurückreicht und den Bau von Kampfflugzeugen, darunter die meisten Suchois und die MiG-15, einschließt.

In klassischer sowjetischer Manier wurde zunächst ein Prototyp und den ersten Systemtests unterzogen, ehe er teilweise zerlegt und zur weiteren Erprobung zum Testflugplatz in Schukowski transportiert wurde, diesmal allerdings nicht per LKW wie bei den Vorgängermodellen, sondern in einem Antonow An-124 Frachter.

Der erste Flug fand dann wieder von Komsomolsk aus statt, am 19. Mai 2008. Der zweite Prototyp flog erstmals an Heiligabend desselben Jahres. Obwohl das Flugzeug sich als rund zwei Tonnen zu schwer erwies, verliefen die Testflüge gut. Beide Flugzeuge wurden im April 2009 zur Bewertung durch die EASA, die Aufsichtsbehörde der Europäischen Union, nach Moskau geflogen. Die erste Serienmaschine hob am 4. November 2010 erstmals ab, wenig später erfolgte die russische Musterzulassung (am 3. Februar 2011), die der EASA ein Jahr später.

Diese enge Taktung stand in krassem Gegensatz zu den schier endlosen Zeiträumen, die für die Entwicklung früherer Typen benötigt wurden und zu stark verspäteten Inbetriebnahmen führten. So verpasste die Iljuschin Il-86 die Olympischen Spiele 1980 in Moskau, und die langwierige Entwicklung der Tu-204 und der An-148 trug sicherlich nicht unerheblich zum kommerziellen Misserfolg dieser Typen bei.

Der erste Betreiber des Superjets wurde die armenische Fluggesellschaft Armavia, die ihn am 21. April 2011 erstmals von Eriwan nach Moskau einsetzte. Am 1. Mai folgte mit Venedig das erste Ziel im Westen. Die ersten Jahre des SSJ100-Betriebs wurden wie bei der An-148 durch den schlechten Kundendienst und die mangelhafte Ersatzteilversorgung getrübt. Aeroflot beklagte sich darüber, dass sie ihre neuen Jets nur drei statt der üblichen neun Stunden pro Tag fliegen konnte, und Armavia gab ihre beiden Maschinen gleich ganz zurück, wenn auch wahrscheinlich eher wegen der eigenen schlechten finanziellen Lage.

Die eigentliche Bewährungsprobe für das neue Flugzeug war der Einsatz bei westlichen Fluggesellschaften - eine Premiere für russische Düsenflugzeuge, abgesehen von einigen Jak-40, die in den 1970er Jahren in Westdeutschland und Italien flogen. Hier sollte der größte Teil der geplanten 800 SSJ100-Verkäufe stattfinden, dort wollte man mit der unschlagbaren Kombination aus einem sehr günstigen Anschaffungspreis und Effizienz, Technologie und Passagiererlebnis, die jedem westlichen Konkurrenten standhalten konnte, punkten. Die mexikanische Fluggesellschaft Interjet nahm den SSJ100 am 18. September 2013 zunächst für Inlandsflüge in Betrieb, am 13. September 2014 flog der Superjet erstmals in die USA, nach San Antonio. Ein weiterer Erfolg war der Einsatz bei der irischen CityJet, die gleich vier Superjets im Auftrag der belgischen Fluggesellschaft Brussels Airlines betrieb und damit deren älteste BAe 146 ersetzte.

Aeroflot übernahm bis zu 50 SSJ100 (die Kabinenkonfiguration mit 87 Sitzen, 12 in der Business

Yamal Airlines ist eine der Fluggesellschaften, die den Superjet vor allem im russischen Inland einsetzen. Hier startet die RA-89070 in Sotschi.
Simon De Rudder

Azimuth Airlines aus Krasnodar ist ein relativer Newcomer in Russland. Gegründet 2017, setzt die Airline ausschließlich auf Superjets und flog damit u.a. schon Linie nach München.
Simon De Rudder

Der Suchoi Superjet RA-89133 in den wunderschönen Farben von Rossiya Airlines, aufgenommen bei der Landung in Moskau-Scheremetjewo im Juni 2021.

Michael Baumert

Ein weiterer Superjet-Betreiber ist die Iraero, deren Superjet RA-89076 hier bei der Landung in Moskau-Wnukowo zu sehen ist.

Artjom Kuschlew

Einer von zwei Cityjet Superjets, die in den Farben der Brussels Airlines unterwegs waren, aufgenommen in Billund im März 2018.
Marius Höpner

Class, 75 in der Economy Class, eignete sich sehr gut für aufkommensschwächere Strecken), obwohl sie aufgrund von Zuverlässigkeits- und Ersatzteilproblemen zumindest anfangs selten mehr als zehn Maschinen gleichzeitig einsetzen konnte.

CityJet verkündete öffentlich, dass die neuen SSJ100 zwar von den Passagieren sehr gut angenommen wurden, die Probleme mit der Zuverlässigkeit und dem technischen Support aber dermaßen gravierend wären, dass Ende 2018 die Entscheidung getroffen wurde, die Flotte stillzulegen. Dennoch bestand Hoffnung auf eine Fortsetzung des SSJ100-Betriebs in Westeuropa, Adria Airways aus Slowenien wollte das Flugzeug gerne in Dienst stellen. Doch leider endete die 60-jährige Geschichte der Fluggesellschaft im September 2019 mit ihrer Pleite, es kam nie zu einer Auslieferung. Interjet in Mexiko verfügte über eine recht große Flotte von 22 Flugzeugen, hatte aber mit denselben Mängeln zu kämpfen wie alle anderen Betreiber: 19 (!) der 22 SSJ100 mussten bis März 2019 wegen fehlender Ersatzteile am

Aus den Superjets für die slowenische Adria Airways wurde leider nichts - die Fluggesellschaft ging vorher bankrott.

Boden bleiben, und im Mai kündigte das Unternehmen an, die Flotte zugunsten von Airbus A320 aufzugeben.

Obwohl das Hauptproblem eigentlich durchgehend die schlechte Verfügbarkeit von Ersatzteilen und der mangelnde Kundendienst war, waren gleich mehrere Abstürze (die nichts mit der Qualität des Flugzeugs zu tun hatten) wenig hilfreich für die Verkaufszahlen des Flugzeugs. Der erste Absturz am 9. Mai 2012 war insofern besonders tragisch, als dass bei ihm mehrere Airlinemanager ums Leben kamen, denen das neue Flugzeug vorgeführt werden sollte.

Eine Verkaufstour durch Asien begann mit einem Besuch in Kasachstan, gefolgt von Pakistan. Ein Vorführungsflug dort musste abgesagt werden und statt nach Myanmar weiterzufliegen, kehrte das Flugzeug zur Triebwerksreparatur nach Russland zurück. Als Ersatz wurde die RA-97004 eingeflogen, eine Werksmaschine, die erstmals am 25. Juli 2009 geflogen war. Von Pakistan aus ging die Tour weiter nach Indonesien, danach standen Vietnam und Laos auf dem Plan. In Indonesien leben mehr als 270 Millionen Menschen auf einem Archipel, der sich über 5.120 Kilometer entlang des Äquators erstreckt, was der Entfernung zwischen London und Montreal oder Athen und Delhi entspricht. Aufgrund der schwierigen Geographie und der Größe des Landes ist Indonesien einer der verkehrsreichsten Luftverkehrsmärkte der Welt. Dutzende von Airlines, oft mit gebrauchten Flugzeugen in recht fragwürdigem Zustand, kämpften (und tun dies noch heute) hier um Marktanteile. Die Möglichkeit, ein fabrikneues Flugzeug zu einem sehr günstigen Preis anzuschaffen, passte sehr gut zu vielen von ihnen und das Interesse am Superjet war groß.

Am Morgen des Unglücks wurde zunächst ein Demonstrationsflug von Jakarta aus ohne Zwischenfälle durchgeführt. Der zweite Flug des Tages startete um 14.00 Uhr Ortszeit vom VIP-Terminal mit acht russischen Besatzungsmitgliedern und 35 indonesischen Passagieren, darunter Vertreter von Sky Aviation (14 Personen), Kartika Airlines (einschließlich ihres Betriebsleiters), Pelita Air Service und Sriwijaya Air.

25 Minuten nach dem Abflug bat die Cockpitcrew um einen Sinkflug von 10.000 Fuß auf 6.000 Fuß, dies allerdings in unmittelbarer Umgebung des Vulkans Salak, der über 7.000 Fuß hoch ist. Da der Flug für seine Navigation selbst verantwortlich war, wurde die Freigabe durch die Fluglotsen erteilt. Mehrere Warnungen der (korrekt funktionierenden) Bordsysteme wurden seitens der Piloten ignoriert bzw. deaktiviert. Kurz später flog das Flugzeug gegen eine Flanke des Vulkans, alle Insassen waren auf der Stelle tot. Und nicht nur aufgrund der verlorenen Menschenleben, auch für das Superjet-Programm war dieser völlig unnötige Absturz verheerend.

Am 5. Mai 2019 folgte ein weiterer tödlicher Unfall, diesmal bei Aeroflot, und obwohl die Schuld hauptsächlich bei den Piloten zu suchen war, besiegelte er endgültig den Ruf des Superjets. Flug 1492 war von Moskau-Scheremetjewo nach Murmansk im äußersten Nordwesten Russlands unterwegs, nahe der Grenze zu Norwegen und Finnland. Die RA-89098 hob um 18:03 Ortszeit ab, es war ein feuchter und stürmischer Tag, in der Umgebung des Flughafens standen einige große Gewitter, doch der Flugbetrieb lief zunächst einigermaßen normal. Rund fünf Minuten nach dem Start, auf einer Höhe von 8.900 Fuß, wurde der SSJ100 von einem Blitz getroffen, der die primären Funkgeräte und den Autopiloten außer Betrieb setzte. Der Pilot konnte das Flugzeug jedoch manuell weiterfliegen, die Kommunikation wurde mit Hilfe von Ersatzfunkgeräten wiederhergestellt. Dennoch entschloss man sich zur Rückkehr nach Moskau, wo die Bedingungen alles andere als ideal waren, mit schlechter Sicht und starken Seitenwinden. So kurz nach dem Start lag das Flugzeug auch weit über dem maximalen Landegewicht, was die Sache nicht erleichterte. Nach einem zu schnellen und steilen Anflug (die Störklappen ließen sich nicht ausfahren, das Flugzeug war zu schwer) setzte das Flugzeug gleich dreimal viel zu hart auf der Landebahn auf, das erste Mal mit mindestens 2,55g. Das folgende zweite Aufsetzen erzeugte mit mindestens 5,85g einen Wert weit über der Belastungsgrenze des Flugzeugs. Beim dritten Bodenkontakt, wieder mit über 5g, brach das Hauptfahrwerk zusammen und die Tragfläche wurde stark beschädigt, wodurch Treibstoff ausfloss. Dieser entzündete sich sofort, der hintere Teil des Flugzeugs brannte in kürzester Zeit aus und die Passagiere im hinteren Teil des Flugzeuges hatten so gut wie keine Überlebenschance. Über die vorderen Notrutschen konnte rund die Hälfte der Passagiere den Jet noch rechtzeitig verlassen. Auch die Piloten konnten sich durch Abseilen aus den Cockpitfenstern retten. 41 Personen - 40 Passagiere und ein Crewmitglied, kamen in den Flammen um, die übrigen 37 - 33 Passagiere und vier Crewmitglieder konnten weitgehend unverletzt entkommen.

MC-21-300 beim Start in Schukowksi im Dezember 2020. **Artjom Kuschlew**

Auch wenn es vielleicht was die Zahl der Todesopfer angeht keinen Unterschied gemacht hat, hat sich die Feuerwehr des Flughafens an diesem Tag nicht mit Ruhm bekleckert. Zum Zeitpunkt der Landung befanden sich die Feuerwehrfahrzeuge noch in der Wache, was mindestens erstaunlich ist, da die Flugzeugbesatzung einen Notruf abgesetzt hatte. Das erste Rettungsfahrzeug erreichte die Unfallstelle erst sechs Minuten später und hatte als Löschmittel nur Wasser, keinen Schaum, beladen...

Der Absturz wurde aus verschiedenen Blickwinkeln von außen und sogar aus dem Inneren des Flugzeugs gefilmt, die Videos verbreiteten sich schnell weltweit und man kann sich die Auswirkungen vorstellen, die diese „Öffentlichkeitsarbeit" auf das Superjet-Programm hatte. Eine change.org-Petition für ein Flugverbot des Typs erhielt immerhin 140.000 Unterschriften, obwohl sie möglicherweise politisch motiviert war. Am 17. Mai stornierte die Fluggesellschaft RusLine ihre Bestellung von 18 SSJ100 wegen des „Reputationsrisikos". Einen Tag später brach ein SSJ100 der Aeroflot seinen Start in Uljanowsk wegen Hydraulikproblemen ab. Als der Fehler behoben war, weigerten sich die Passagiere, wieder an Bord zu gehen.

Aeroflot und eine Handvoll russischer Fluggesellschaften wie IrAero setzten ihren SSJ100-Betrieb fort, aber die Attraktivität des Typs für westliche Betreiber ging gen Null, auch da sich die Beziehungen zwischen Russland, den USA und der Europäischen Union sich infolge des Konflikts in der Ostukraine ständig verschlechterten. Der Traum von der Massenproduktion russischer Düsenflugzeuge, die aus dem reichen Wissensschatz sowjetischen Flugzeugbaus schöpfen und gleichzeitig sehr günstige Preise anbieten könnten, war vorerst ausgeträumt.

Für russische Zivilflugzeuge bleiben zwei Bereiche, die optimistisch stimmen. Der erste, der bereits im Kapitel über die Jak-40 und Jak-42 behandelt wird, ist die Irkut MC-21, die ihre Wurzeln in der nicht gebauten Jak-242 hat. Trotz ihres langen Stammbaums handelt es sich um einen neuen Typ, der sich derzeit in der Testphase befindet. Da die Pandemie (oder zumindest die öffentliche Wahrnehmung der von ihr ausgehenden Gefahr) nachlässt, wird der weltweite Luftverkehrsmarkt nach einigen Jahren des enormen Schrumpfens schon bald wieder wachsen. Und dadurch könnten sich auch neue Chancen für russische Flugzeuge ergeben, wenn die Qualität stimmt und die Versorgung mit Ersatzteilen und der technische Support besser sichergestellt werden kann als in der Vergangenheit.

Auch dürften sich neue Möglichkeiten bieten, da die Liste der Länder, die zumindest nicht ohne weiteres westliche Flugzeuge kaufen können, immer länger wird, da sie den USA feindlich gegenüber stehen (oder umgekehrt), wie z.B. Iran, Syrien, Afghanistan, Libyen, Jemen, Venezuela, Nordkorea und Belarus. Mit Ausnahme des Irans sind diese Länder für sich genommen keine bedeutenden Abnehmer, aber zusammengenommen könnten sie einen Markt darstellen, der es wert ist, rein russische Versionen des SSJ100 und der MS-21 zu entwickeln, die ohne westliche Komponenten auskommen und so nicht von Sanktionen betroffen sind. Auch in Entwicklungsländern wird sich immer mal wieder die Chance ergeben, mit Flugzeugen, die qualitativ in Ordnung und deutlich günstiger als ein Airbus oder eine Boeing sind, zu punkten. Die prinzipielle Leistungsfähigkeit der russischen Flugzeugindustrie steht auch heute außer Frage, die Gründe für ihre relativ bescheidenen Erfolge liegen hauptsächlich im kommerziellen oder politischen Bereich. Die Russen sind ein zähes Volk und womöglich ist die Liste ihrer Heldentaten in der zivilen Luftfahrt noch nicht am Ende.

An-148 der Air Koryo im Sonnenuntergang in Pjöngjang im Oktober 2018. **Michael Baumert**

Fliegerhorst Gatow | Heinkel He 118 im Detail | Einsatzbericht: Absetz-Tragödie
Klassiker der Luftfahrt
Das Magazin für Luftfahrtgeschichte
Die schöne „Miss Stress“
Do X: Vom Traum zur Realität
Angriffe auf zivile Ziele
JUNKERS JU 52/3M
90 Jahre Faszination
Luftbildfotografie
Aufklärung auf neuem Niveau
McDonnell F2H
Der zweite Jet der US Navy
Deutschland 6,50 €
Österreich € 7,20 • Schweiz sfr 11,00
Belgien € 7,40 • Luxemburg € 7,40
Niederlande € 7,40
Fliegende Legenden
8 Ausgaben pro Jahr
www.klassiker-der-luftfahrt.de